Vorwort

Fachkräfte für Metalltechnik stellen Bauteile, Baugruppen oder Konstruktionen aus Metall her, sie arbeiten in der Einzelfertigung und Serienmontage von Baugruppen und Systemen. Sie bearbeiten Metallteile mit unterschiedlichen Verfahren und montieren sie.
Die Ausbildung dauert zwei Jahre.

Die Berufsausbildung der Fachkraft für Metalltechnik gliedert sich in die Fachrichtungen:

1. Montagetechnik
2. Konstruktionstechnik
3. Zerspanungstechnik
4. Umform- und Drahttechnik

Der neue Ausbildungsberuf löst insgesamt elf Ausbildungsberufe ab, die teilweise aus den 1930er Jahren stammen:

Drahtwarenmacher – Drahtzieher – Federmacher – Fräser – Gerätezusammensetzer – Kabeljungwerker – Maschinenzusammensetzer – Metallschleifer – Revolverdreher – Schleifer – Teilezurichter

Diese Berufe treten zum 1. August 2013 außer Kraft.

Die Unternehmen und Bildungseinrichtungen haben die Möglichkeit, zwischen den Fachrichtungen zu wählen. Die Entscheidung für die geeignete Fachrichtung trifft jedes Unternehmen/jede Bildungseinrichtung nach seinen/ihren speziellen Bedürfnissen.

Die PAL erstellt in Zusammenarbeit mit paritätisch besetzten Fachausschüssen die Zwischen- und Abschlussprüfungen.

Die vorliegende Musterprüfung ist ein Beispiel für eine Abschlussprüfung. Sie soll den Ausbilder(inne)n, Auszubildenden und den Prüfungsausschüssen zur Orientierung dienen.

Abschließend möchten wir den Firmen und Bildungseinrichtungen danken, die uns u. a. durch die Freistellung der Fachausschuss-Mitglieder und der Sachverständigen unterstützt haben. Ebenso sei den Personen gedankt, welche durch ihre Hilfe beim Entwurf sowie durch ihren außerordentlichen Einsatz zum Gelingen des Leitfadens für die Abschlussprüfung beigetragen haben.

Haben Sie Anregungen oder Kritik?

Dann wenden Sie sich bitte an:

PAL – Prüfungsaufgaben- und
Lehrmittelentwicklungsstelle
Industrie- und Handelskammer
Region Stuttgart
Jägerstraße 30, 70174 Stuttgart
Postfach 10 24 44, 70020 Stuttgart
Telefon 0711 2005-1833
Telefax 0711 2005-1830
www.ihk-pal.de
pal@stuttgart.ihk.de

Inhaltsverzeichnis

Abschlussprüfung

1 Allgemein

Die handlungs- und prozessorientierte Ausbildung orientiert sich an dem Modell der vollständigen Handlung. Das Modell der vollständigen Handlung ist von den Arbeitswissenschaftlern zur Beurteilung der Qualität von Arbeitsanforderungen entwickelt worden.

Das Modell umfasst sechs Zyklen:

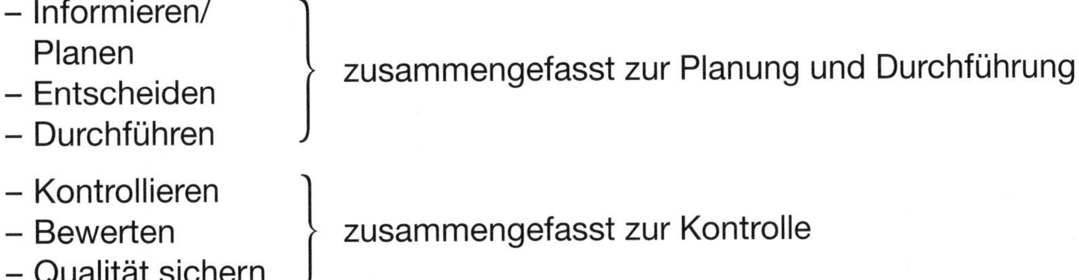

- Informieren/ Planen
- Entscheiden
- Durchführen

} zusammengefasst zur Planung und Durchführung

- Kontrollieren
- Bewerten
- Qualität sichern

} zusammengefasst zur Kontrolle

Diese Zyklen werden durch einen Handlungskreis dargestellt. Dadurch soll deutlich gemacht werden, dass die Inhalte der Zyklen immer wieder abgearbeitet werden müssen.

Ziel der handlungsorientierten Ausbildung ist die Vermittlung von Handlungskompetenz. Die meisten neueren Ausbildungsordnungen definieren Handlungskompetenz als die Fähigkeit zum selbstständigen Planen, Durchführen und Kontrollieren von Aufträgen. Die Fähigkeit zur selbstständigen Planung, Durchführung und Kontrolle unterscheidet Fachkräfte von Anlernkräften.

Die Selbstständigkeit ist das verbindliche Ausbildungsziel. Diese soll durch selbstständiges Lernen vermittelt werden. Die Selbstlernkompetenz der Fachkräfte ist die Voraussetzung für die Bewältigung des technischen und organisatorischen Wandels in unserer Arbeitswelt.

Prozessorientierte Ausbildung ist dadurch gekennzeichnet, dass keine einzelnen Fachqualifikationen vorgegeben werden, sondern Arbeitsprozesse. Es müssen die für den Arbeitsprozess notwendigen Qualifikationen entsprechend dem jeweils aktuellen Stand der Technik vermittelt werden.

Die moderne Arbeitswelt erfordert von dem/der zukünftigen Facharbeiter/-in folgende Fähigkeiten:

- Planen und Organisieren der Arbeitsabläufe
- Auswahl von geeigneten Fertigungsverfahren
- Arbeitsdurchführung
- Arbeitsdurchführung und -ergebnisse feststellen, dokumentieren und bewerten
- Berücksichtigung betriebswirtschaftlicher, sicherheitstechnischer und ökologischer Gesichtspunkte
- betriebliche und technische Kommunikation, Arbeiten in Teams sowie Kundenorientierung

Im Rahmen der dualen Berufsausbildung auf der Grundlage dieser Ausbildungsregelung ist die Berufsschule Partner und mitverantwortlich für eine qualifizierte und qualifizierende Berufsausbildung.

Die Prüfung besteht aus zwei zeitlich auseinanderfallenden Teilen, der Zwischen- und Abschlussprüfung. Durch die Abschlussprüfung ist festzustellen, ob der Prüfling die berufliche Handlungsfähigkeit erworben hat.

In der Abschlussprüfung soll der Prüfling nachweisen, dass er die erforderlichen beruflichen Fertigkeiten beherrscht, die notwendigen beruflichen Kenntnisse und Fähigkeiten besitzt und mit dem im Berufsschulunterricht vermittelten, für die Berufsausbildung wesentlichen Lehrstoff vertraut ist.

Für die Bewältigung der täglichen Arbeit muss sich der/die zukünftige Facharbeiter/-in Informationen beschaffen und diese auswerten, sie zu einem Arbeitsplan zusammenfassen, die richtigen Entscheidungen treffen. Weiterhin führt er/sie die notwendigen Arbeiten unter Beachtung von Sicherheitsvorkehrungen durch und kontrolliert und bewertet die Ergebnisse, stellt eventuelle Mängel fest und sucht nach Verbesserungsmöglichkeiten. Die durchgeführten Tätigkeiten werden, zum Beispiel durch ein Prüfprotokoll, dokumentiert. Am Ende der Tätigkeit muss das Prüfungsstück dem Kunden (Prüfungsausschuss) übergeben werden.

1.1 Ziel der Abschlussprüfung

In der Abschlussprüfung wird festgestellt, ob der Prüfling die erforderlichen Qualifikationen erworben hat, die für seinen Ausbildungsberuf relevant sind.

1.2 Abschlussprüfung

Die Abschlussprüfung wird fachrichtungsbezogen durchgeführt.

Sie besteht aus den Prüfungsbereichen:

- Montageauftrag
- Auftrags- und Funktionsanalyse
- Fertigungs- und Montagetechnik
- Wirtschafts- und Sozialkunde

1.3 Prüfungsbereich Montageauftrag (Prüfungsstück)

Für den Prüfungsbereich Montageauftrag bestehen folgende Vorgaben:

Der Prüfling soll nachweisen, dass er in der Lage ist,

- Art und Umfang von Aufträgen zu erfassen, Informationen für die Auftragsabwicklung zu beschaffen und zu nutzen,
- Fertigungsverfahren auszuwählen, Bauteile durch manuelle und maschinelle Verfahren zu fertigen, Aspekte zur Sicherheit und zum Gesundheitsschutz bei der Arbeit sowie Umweltschutzbestimmungen zu beachten,
- Baugruppen lage- und funktionsgerecht sowie unter Beachtung der Teilefolge zu montieren, auszurichten, zu befestigen und zu sichern,
- Funktionen an Baugruppen einzustellen,

- Prüfverfahren und Prüfmittel auszuwählen und anzuwenden, Einsatzfähigkeit von Prüfmitteln festzustellen, Funktionen zu prüfen und zu dokumentieren;

Der Prüfling soll ein Prüfungsstück herstellen; die Prüfungszeit beträgt sieben Stunden.

1.4 Prüfungsbereich Auftrags- und Funktionsanalyse

Für den Prüfungsbereich Auftrags- und Funktionsanalyse bestehen folgende Vorgaben:

Der Prüfling soll nachweisen, dass er in der Lage ist,

- einen Fertigungs- und Montageauftrag zu analysieren,
- technische Unterlagen auf Vollständigkeit und Richtigkeit zu prüfen und zu ergänzen, Fertigungs- und Montageschritte unter Berücksichtigung von Arbeitssicherheit und Umweltschutz zu planen sowie technische Regelwerke, Montagepläne, Richtlinien und Prüfvorschriften anzuwenden,
- die lage- und funktionsgerechte Montage von Baugruppen unter Beachtung der Teilefolge zu erläutern,
- Baugruppen zu übergeben und Funktionen zu erläutern,
- Verfahren und Parameter, Prüfmethoden und Prüfmittel festzulegen;

Die Prüfungszeit beträgt 90 Minuten.

1.5 Prüfungsbereich Fertigungs- und Montagetechnik

Für den Prüfungsbereich Fertigungs- und Montagetechnik bestehen folgende Vorgaben:

Der Prüfling soll nachweisen, dass er in der Lage ist,

- Fertigungs-, Montage- und Fügeverfahren für die Herstellung von Bauteilen und Baugruppen, unter Berücksichtigung technischer, wirtschaftlicher und ökologischer Gesichtspunkte zu beurteilen und auszuwählen,
- die für die Fertigung und Montage erforderlichen technologischen Kennwerte zu ermitteln und zu berechnen,
- Werk- und Hilfsstoffe auftragsbezogen auszuwählen,
- Arbeitsschritte zu planen sowie Werkzeuge und Maschinen zuzuordnen;

Die Prüfungszeit beträgt 60 Minuten.

1.6 Prüfungsbereich Wirtschafts- und Sozialkunde

Für den Prüfungsbereich Wirtschafts- und Sozialkunde bestehen folgende Vorgaben:

Der Prüfling soll nachweisen, dass er in der Lage ist,

- allgemeine, wirtschaftliche und gesellschaftliche Zusammenhänge der Berufs- und Arbeitswelt darzustellen und zu beurteilen;

Der Prüfling soll praxisbezogene Aufgaben schriftlich bearbeiten; die Prüfungszeit beträgt 60 Minuten.

1.7 Prüfungsdurchführung

Es wird mit der Durchführung der schriftlichen Prüfung an einem festgelegten Tag begonnen. Im Anschluss daran erfolgt die Durchführung des Montageauftrags an einem gesonderten Tag innerhalb eines Prüfungszeitraums von ca. drei Monaten.

Prüfungsbereich Auftrags- und Funktionsanalyse, Fertigungs- und Montagetechnik

Die Prüfungsbereiche beinhalten jeweils in dem Prüfungsbereich

Auftrags- und Funktionsanalyse (90 Minuten)
25 gebundene Aufgaben (vier zur Abwahl und sechs keine Abwahl möglich)
3 Aufgaben zur Mathematik
3 Aufgaben zur Technischen Kommunikation

+ 6 ungebundene Aufgaben, nicht abwählbar
2 Aufgaben zur Mathematik
1 Aufgabe zur Technischen Kommunikation

Fertigungs- und Montagetechnik (60 Minuten)
20 gebundene Aufgaben (drei zur Abwahl und vier keine Abwahl möglich)
2 Aufgaben zur Mathematik
2 Aufgaben zur Technischen Kommunikation

+ 4 ungebundene Aufgaben, nicht abwählbar
1 Aufgabe zur Mathematik
1 Aufgabe zur Technischen Kommunikation

Die gebundenen Aufgaben werden in Form der thematischen Klammer dargestellt – einer Weiterentwicklung von gebundenen Aufgaben, durch die auch komplexe Situationen erfasst werden können.

Die ungebundenen Aufgaben sind dadurch gekennzeichnet, dass der Prüfling nach eigenem Ermessen Antworten auf die ihm gestellten Aufgaben frei formulieren muss.

1.8 Ergebnisfeststellung

Die Abschlussprüfung wird am Ende der Ausbildungszeit durchgeführt und bezieht sich auf die während der gesamten Ausbildungszeit vermittelten Qualifikationen.

Der Montageauftrag wird mit 60 Prozent, der Prüfungsbereich Auftrags- und Funktionsanalyse mit 20 Prozent, der Prüfungsbereich Fertigungs- und Montagetechnik mit 10 Prozent und der Prüfungsbereich Wirtschafts- und Sozialkunde mit 10 Prozent gewichtet.

Das Ergebnis der Abschlussprüfung wird dem Prüfling schriftlich mitgeteilt.

Industrie- und Handelskammer

Abschlussprüfung

Fachkraft für Metalltechnik
Montagetechnik

Berufs-Nr.
0716

Schriftliche Prüfung

Hinweise für die Kammer

Richtlinien für den Prüfungsausschuss

Musterprüfung

M 0716 R

PAL - Prüfungsaufgaben- und Lehrmittelentwicklungsstelle
IHK Region Stuttgart

Prüfungsaufgabensatz

Der Prüfungsaufgabensatz für die schriftlichen Prüfungsbereiche besteht aus folgenden Unterlagen:

1	**Allgemein**	
1.1	Hinweise für die Kammer Richtlinien für den Prüfungsausschuss (sind im vorliegenden Heft zusammengefasst)	rot
1.2	Stellungnahme des Prüfungsausschusses (Zugangsdaten erhalten Sie über Ihre zuständige Industrie- und Handelskammer/Handwerkskammer)	Onlineformular
2	**Lösungsschablonen/-vorschläge für den Prüfungsausschuss**	
2.1	Lösungsschablone Auftrags- und Funktionsanalyse	
2.2	Lösungsschablone Fertigungs- und Montagetechnik	
2.3	Lösungsschablone Wirtschafts- und Sozialkunde	
2.4	Heft Lösungsvorschläge mit – Auftrags- und Funktionsanalyse – Fertigungs- und Montagetechnik	rot
2.5	Gegebenenfalls Blatt Lösungsvorschläge Wirtschafts- und Sozialkunde	rot

Die Lösungsschablonen der gebundenen Aufgaben und die Lösungsvorschläge der ungebundenen Aufgaben werden am Tag der Prüfung bereitgestellt.

3	**Auftrags- und Funktionsanalyse**	
3.1	Aufgabenheft Auftrags- und Funktionsanalyse	weiß
3.2	Anlage(n): 5 Blatt im Format A3	weiß
3.3	Markierungsbogen	grau-weiß
4	**Fertigungs- und Montagetechnik**	
4.1	Aufgabenheft Fertigungs- und Montagetechnik	grün
4.2	Anlage(n): 5 Blatt im Format A3	grün
4.3	Markierungsbogen	grün
5	**Wirtschafts- und Sozialkunde**	
5.1	Aufgabenheft Wirtschafts- und Sozialkunde	blau
5.2	Anlage(n): gegebenenfalls	blau
5.3	Markierungsbogen	blau

Dieser Prüfungsaufgabensatz wurde von einem überregionalen nach § 40 Abs. 2 BBiG zusammengesetzten Ausschuss beschlossen. Er wurde für die Prüfungsabwicklung und -abnahme im Rahmen der Ausbildungsprüfungen entwickelt. Weder der Prüfungsaufgabensatz noch darauf basierende Produkte sind für den freien Wirtschaftsverkehr bestimmt.

Internet: www.ihk-pal.de
M 0716 R

1 Hinweise zur Abschlussprüfung Fachkraft für Metalltechnik – Montagetechnik

1.1 Allgemein

Die Abschlussprüfung besteht aus den Prüfungsbereichen Montageauftrag, Auftrags- und Funktionsanalyse, Fertigungs- und Montagetechnik und Wirtschafts- und Sozialkunde.

Abschlussprüfung **Gewichtung 100 %**	
Prüfungsbereich	Prüfungsbereich
Montageauftrag Gewichtung: 60 % Prüfungszeit: 7 h	**Auftrags- und Funktionsanalyse** Gewichtung: 20 % Prüfungszeit: 90 min 25 gebundene Aufgaben 4 zur Abwahl 6 keine Abwahl möglich: 3 Aufgaben zur Mathematik 3 Aufgaben zur Technischen Kommunikation + 6 ungebundene Aufgaben, nicht abwählbar 2 Aufgaben zur Mathematik 1 Aufgabe zur Technischen Kommunikation
	Fertigungs- und Montagetechnik Gewichtung: 10 % Prüfungszeit: 60 min 20 gebundene Aufgaben 3 zur Abwahl 4 keine Abwahl möglich: 2 Aufgaben zur Mathematik 2 Aufgaben zur Technischen Kommunikation + 4 ungebundene Aufgaben, nicht abwählbar 1 Aufgabe zur Mathematik 1 Aufgabe zur Technischen Kommunikation
	Wirtschafts- und Sozialkunde Gewichtung: 10 % Prüfungszeit: 60 min

1.2 Bewertung der Prüfungsleistungen

Die ausgegebenen Unterlagen sind nach Ablauf der Vorgabezeit vom Prüfling mit seinen Lösungen abzugeben. Die Prüflingsnummer sowie der Vor- und Familienname sind sofort nach Erhalt vom Prüfungsausschuss zu überprüfen.

1.2.1 Bewertung der ungebundenen Aufgaben

Die Bewertung der ungebundenen Aufgaben erfolgt direkt in den Aufgabenheften unter Zuhilfenahme der Lösungsvorschläge. Andere Lösungen sind, falls fachlich richtig, entsprechend zu bewerten. Die Einzelergebnisse sind in den Markierungsbogen in die vorgegebenen Felder zu übertragen.

Für die Bewertung der ungebundenen Aufgaben empfiehlt der PAL-Fachausschuss den gleitenden Bewertungsschlüssel:

10 bis 0 Punkte (10 – 9 – 8 – 7 – 6 – 5 – 4 – 3 – 2 – 1 – 0 Punkte)

Auf Basis von § 24 Musterprüfungsordnung für die Durchführung von Abschluss- und Umschulungsprüfungen des Hauptausschusses des Bundesinstituts für Berufsbildung (BiBB) vom März 2007 sind die Prüfungsleistungen wie folgt zu bewerten:

Punkte	Bewertung
10	Eine den Anforderungen in besonderem Maße entsprechende Leistung
9	Eine den Anforderungen voll entsprechende Leistung
8	Eine den Anforderungen im Allgemeinen entsprechende Leistung
7	
6	Eine Leistung, die zwar Mängel aufweist, aber den Anforderungen noch entspricht
5	
4	Eine Leistung, die den Anforderungen nicht entspricht, jedoch erkennen lässt, dass Grundkenntnisse vorhanden sind
3	
2	Eine Leistung, die den Anforderungen nicht entspricht und bei der selbst Grundkenntnisse fehlen
1	**oder**
0	keine Prüfungsleistung erbracht

1.2.2 Bewertung der gebundenen Aufgaben

Die Bewertung der gebundenen Aufgaben erfolgt auf der Basis des vom Prüfling ausgefüllten Markierungsbogens unter Zuhilfenahme der Lösungsschablone (Download).

1.2.3 Erläuterungen zur Bewertung der gebundenen Aufgaben

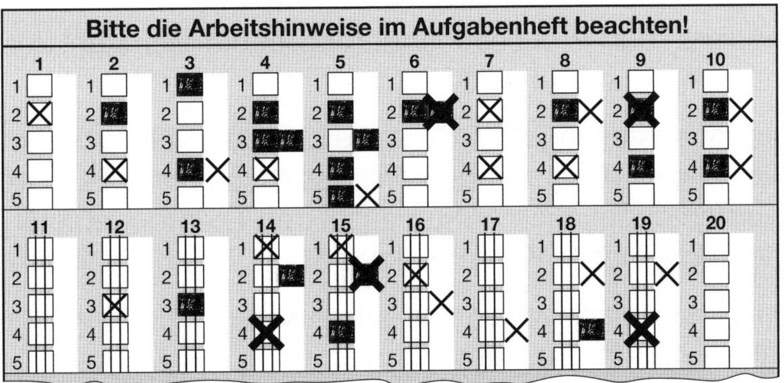

Aufgabe	Eintrag im Markierungsbogen	Lösung/Abwahl
1	eindeutig	2
2	eindeutig	4
3	eindeutig	4
4	eindeutig	4
5	eindeutig	5
6	eindeutig	2
7	nicht eindeutig	Aufgabe falsch beantwortet
8	nicht eindeutig	Aufgabe falsch beantwortet
9	nicht eindeutig	Aufgabe falsch beantwortet
10	nicht eindeutig	Aufgabe falsch beantwortet
11	eindeutig	Abwahl
12	eindeutig	Abwahl
13	eindeutig	Abwahl
14	eindeutig	Abwahl
15	eindeutig	2
16	eindeutig	3
17	eindeutig	4
18	eindeutig	2
19	eindeutig	2
20	eindeutig	Keine Lösung/keine Abwahl: Aufgabe falsch beantwortet

2.2 Schriftliche Aufgabenstellungen (Auftrags- und Funktionsanalyse)

In der Abfolge der Prüfungsdurchführung ist es aufgrund des thematischen Zusammenhangs sinnvoll, die schriftlichen Aufgabenstellungen und das 7-stündige Prüfungsstück in einem engen zeitlichen Zusammenhang durchzuführen.

Durch die geforderte Handlungs- und Prozessorientierung ist die Mehrzahl der Aufgaben in Form der thematischen Klammer dargestellt.

Anhand der schriftlichen Aufgabenstellungen wird ermittelt, ob der Prüfling die notwendigen beruflichen Kenntnisse besitzt und ob er mit dem im Berufsschulunterricht vermittelten Lehrstoff vertraut ist. Es werden dabei auch Aufgaben zu den Themengebieten der Technischen Mathematik und der Technischen Kommunikation (z. B. Zeichnungslesen) gestellt.

Bei den vorgegebenen fünf Auswahlantworten der gebundenen Aufgaben ist jeweils nur eine richtig. Es darf deshalb nur ein Kreuz gemacht werden.

Für den Prüfungsbereich Auftrags- und Funktionsanalyse ist in der Verordnung eine Höchstzeit von 90 Minuten angegeben.

Der Prüfungsbereich beinhaltet

- 25 Aufgaben in gebundener Form mit 4 abwählbaren Aufgaben und
- 6 Aufgaben in ungebundener Form.
- Bei den gebundenen und den ungebundenen Aufgaben werden auch Aufgaben aus der Mathematik und der Technischen Kommunikation (z. B. Zeichnungslesen) gestellt. Die 6 Aufgaben zur Mathematik und Technischen Kommunikation in gebundener Form sind nicht abwählbar.

Die gebundenen Aufgaben werden in Form der thematischen Klammer dargestellt – einer Weiterentwicklung von gebundenen Aufgaben, durch die auch komplexe Situationen erfasst werden können.

Die ungebundenen Aufgaben sind dadurch gekennzeichnet, dass der Prüfling nach eigenem Ermessen Antworten auf die ihm gestellten Aufgaben frei formulieren muss.

Die schriftlichen Aufgabenstellungen sind für alle Fachrichtungen unterschiedlich.

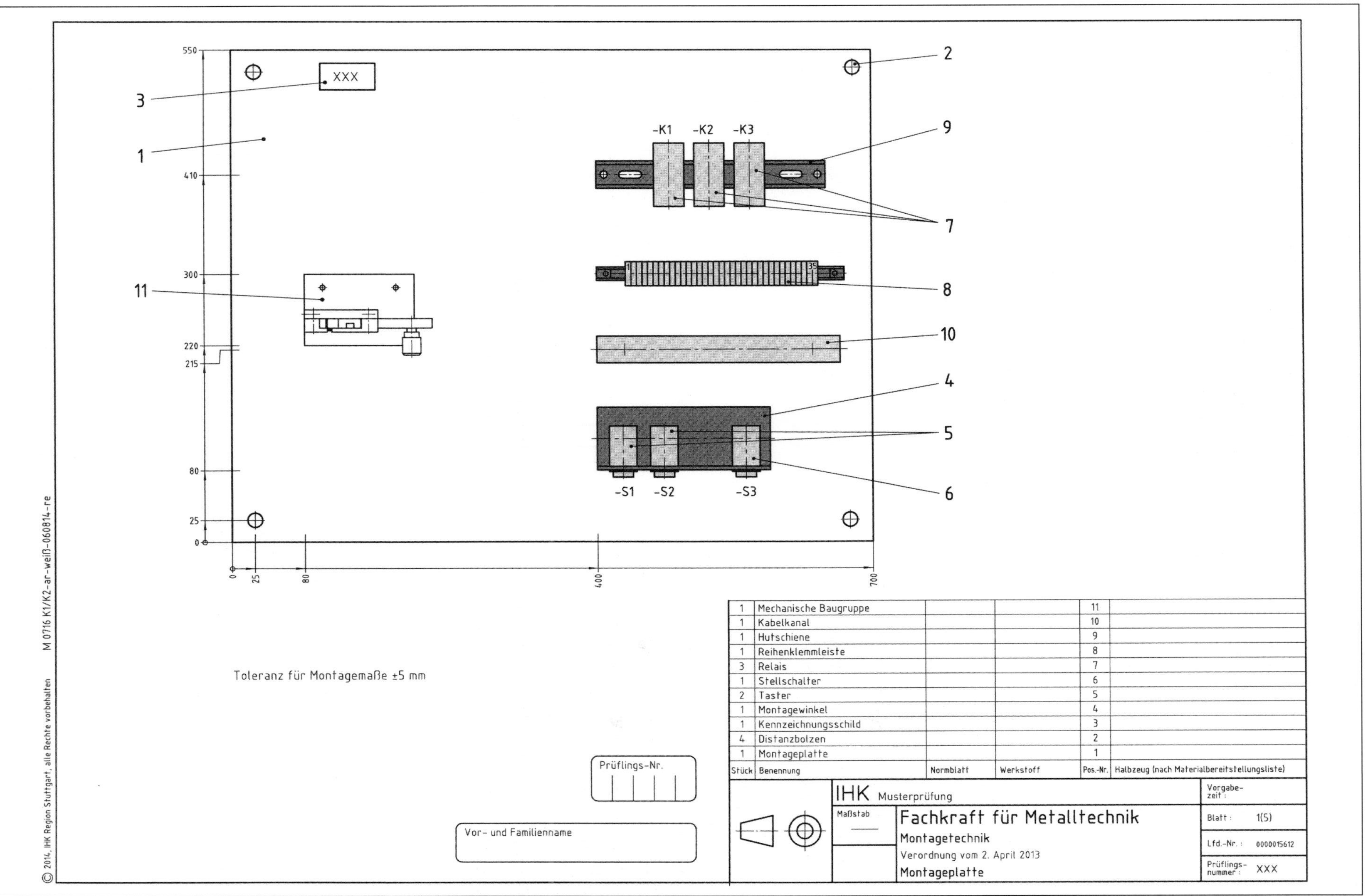
XXX
-K1 -K2 -K3
-S1 -S2 -S3
Toleranz für Montagemaße ±5 mm
1 Mechanische Baugruppe 11
1 Kabelkanal 10
1 Hutschiene 9
1 Reihenklemmleiste 8
3 Relais 7
1 Stellschalter 6
2 Taster 5
1 Montagewinkel 4
1 Kennzeichnungsschild 3
4 Distanzbolzen 2
1 Montageplatte 1
Stück Benennung Normblatt Werkstoff Pos.-Nr. Halbzeug (nach Materialbereitstellungsliste)
IHK Musterprüfung
Vorgabezeit:
Maßstab
Fachkraft für Metalltechnik
Montagetechnik
Verordnung vom 2. April 2013
Montageplatte
Blatt: 1(5)
Lfd.-Nr.: 0000015612
Prüflingsnummer: XXX
Prüflings-Nr.
Vor- und Familienname
M 0716 K1/K2-ar-weiß-060814-re
© 2014, IHK Region Stuttgart, alle Rechte vorbehalten

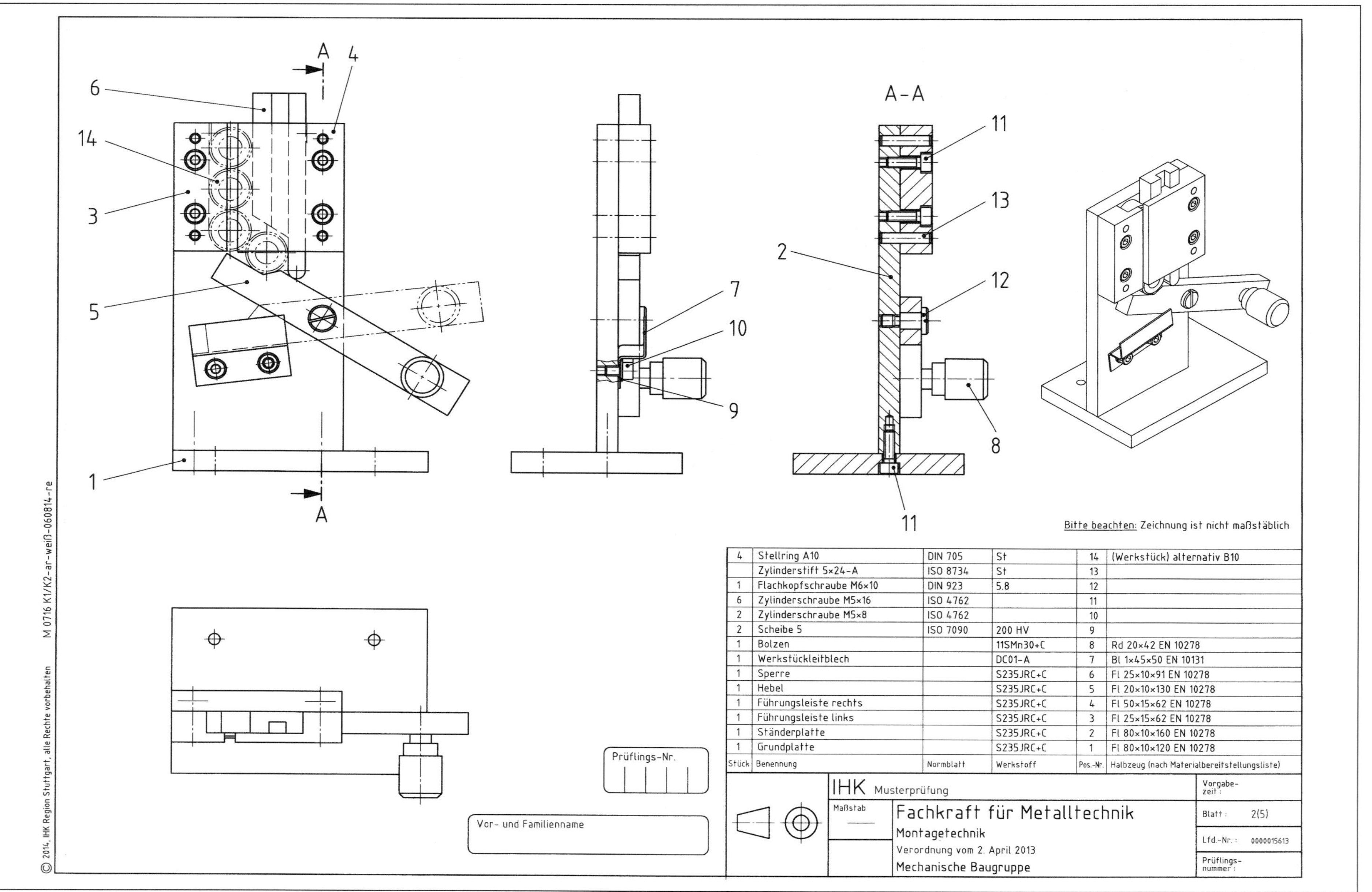

Stück	Benennung	Normblatt	Werkstoff	Pos.-Nr.	Halbzeug (nach Materialbereitstellungsliste)
4	Stellring A10	DIN 705	St	14	(Werkstück) alternativ B10
	Zylinderstift 5×24-A	ISO 8734	St	13	
1	Flachkopfschraube M6×10	DIN 923	5.8	12	
6	Zylinderschraube M5×16	ISO 4762		11	
2	Zylinderschraube M5×8	ISO 4762		10	
2	Scheibe 5	ISO 7090	200 HV	9	
1	Bolzen		11SMn30+C	8	Rd 20×42 EN 10278
1	Werkstückleitblech		DC01-A	7	Bl 1×45×50 EN 10131
1	Sperre		S235JRC+C	6	Fl 25×10×91 EN 10278
1	Hebel		S235JRC+C	5	Fl 20×10×130 EN 10278
1	Führungsleiste rechts		S235JRC+C	4	Fl 50×15×62 EN 10278
1	Führungsleiste links		S235JRC+C	3	Fl 25×15×62 EN 10278
1	Ständerplatte		S235JRC+C	2	Fl 80×10×160 EN 10278
1	Grundplatte		S235JRC+C	1	Fl 80×10×120 EN 10278

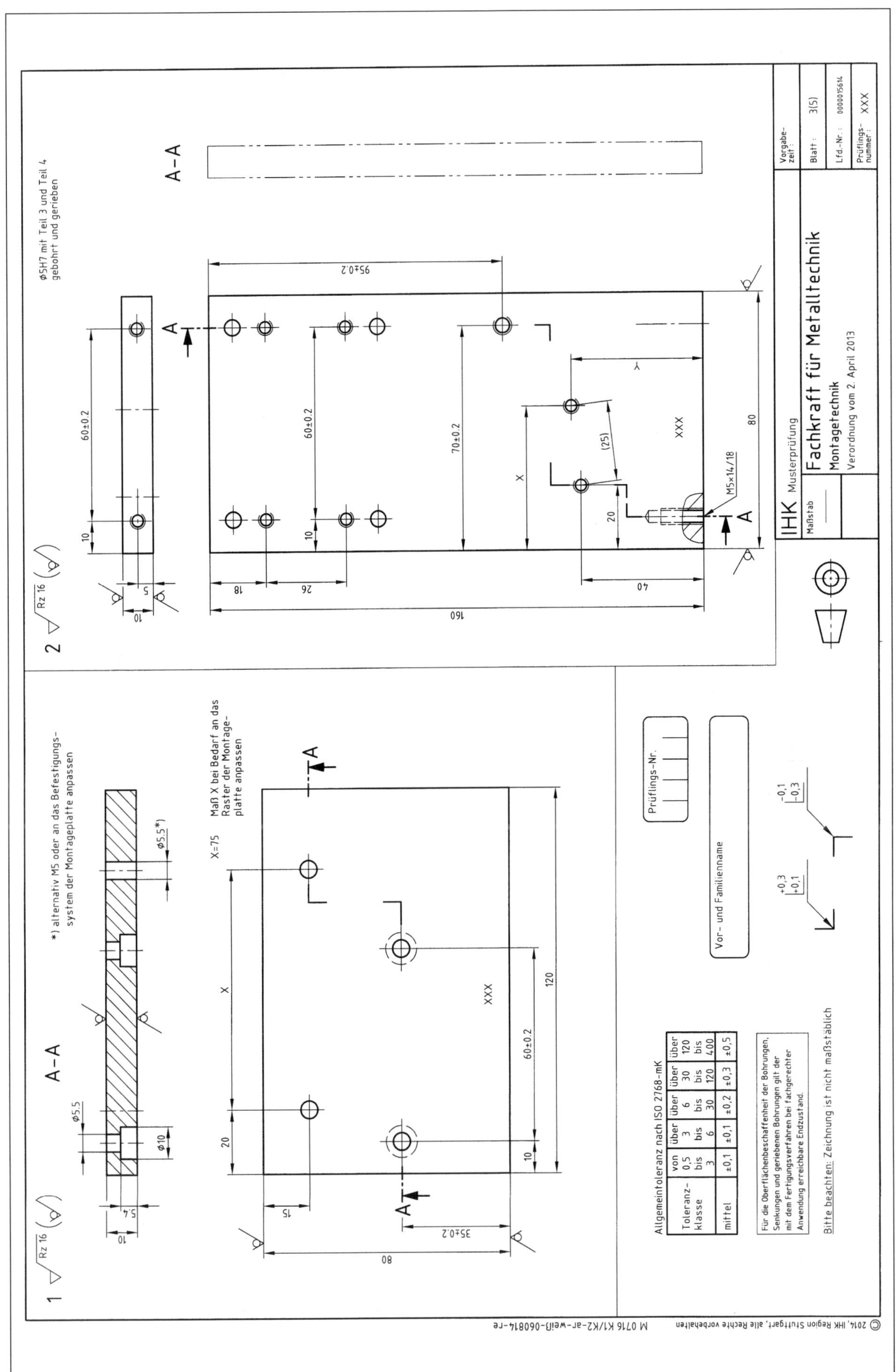
IHK Musterprüfung
Fachkraft für Metalltechnik
Montagetechnik
Verordnung vom 2. April 2013
Vorgabezeit:
Blatt: 3(5)
Lfd.-Nr.: 000001561
Prüflings-nummer: XXX
Maßstab
*) alternativ M5 oder an das Befestigungssystem der Montageplatte anpassen
Maß X bei Bedarf an das Raster der Montageplatte anpassen
X=75
⌀5H7 mit Teil 3 und Teil 4 gebohrt und gerieben
M5x14/18
A–A
Allgemeintoleranz nach ISO 2768-mK
Toleranzklasse | von 0,5 bis 3 | über 3 bis 6 | über 6 bis 30 | über 30 bis 120 | über 120 bis 400
mittel | ±0,1 | ±0,1 | ±0,2 | ±0,3 | ±0,5
Für die Oberflächenbeschaffenheit der Bohrungen, Senkungen und geriebenen Bohrungen gilt der mit dem Fertigungsverfahren bei fachgerechter Anwendung erreichbare Endzustand.
Bitte beachten: Zeichnung ist nicht maßstäblich
Prüflings-Nr.
Vor- und Familienname
M 0716 K1/K2-ar-weiß-060814-re
© 2014, IHK Region Stuttgart, alle Rechte vorbehalten

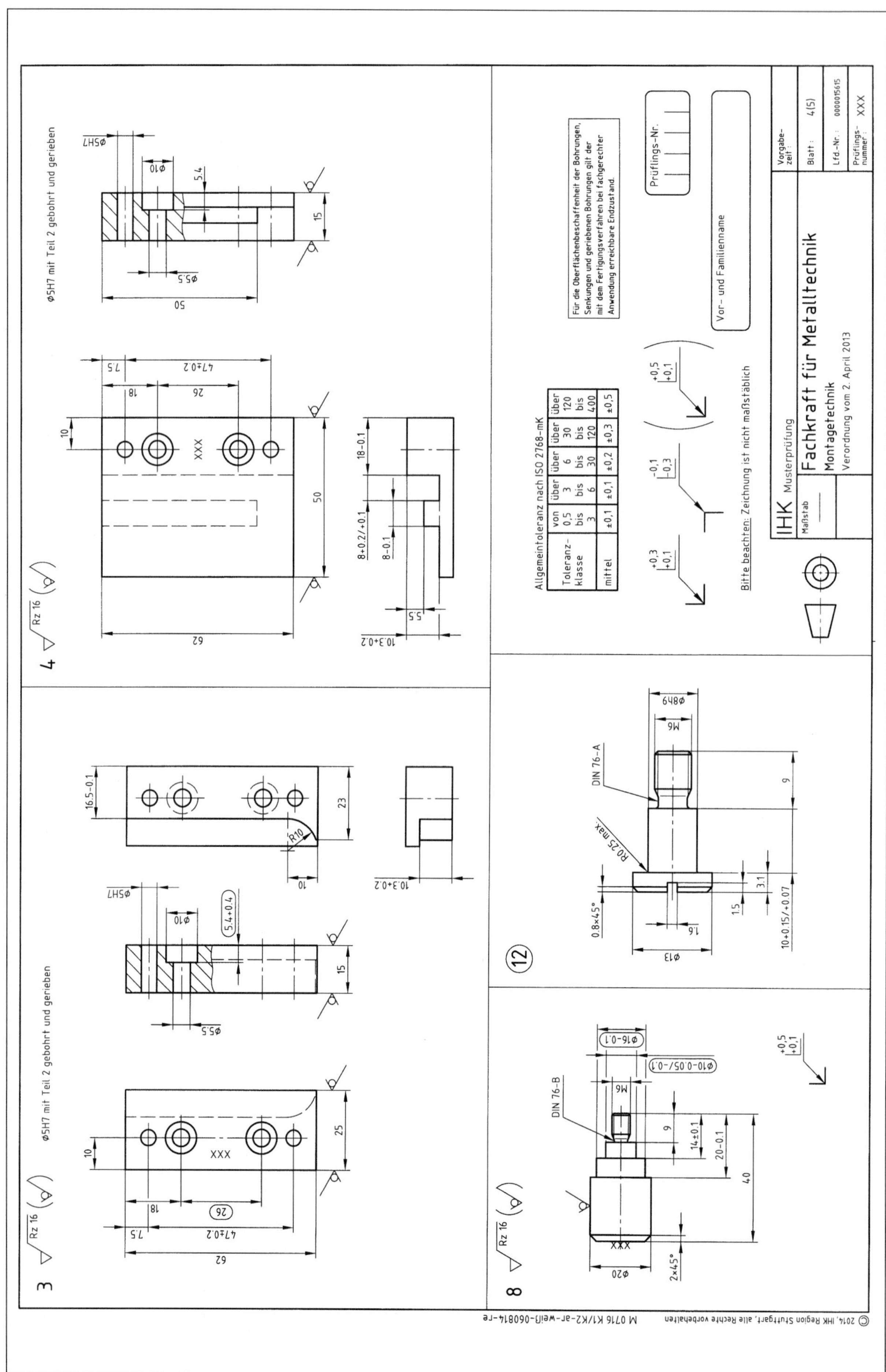
ø5H7 mit Teil 2 gebohrt und gerieben
ø5H7 mit Teil 2 gebohrt und gerieben
Allgemeintoleranz nach ISO 2768-mK
Toleranzklasse mittel
von 0,5 bis 3: ±0,1
über 3 bis 6: ±0,1
über 6 bis 30: ±0,2
über 30 bis 120: ±0,3
über 120 bis 400: ±0,5
Für die Oberflächenbeschaffenheit der Bohrungen, Senkungen und geriebenen Bohrungen gilt der mit dem Fertigungsverfahren bei fachgerechter Anwendung erreichbare Endzustand.
Prüflings-Nr.
Vor- und Familienname
Bitte beachten: Zeichnung ist nicht maßstäblich
IHK Musterprüfung
Maßstab
Fachkraft für Metalltechnik
Montagetechnik
Verordnung vom 2. April 2013
Vorgabezeit:
Blatt: 4(5)
Lfd.-Nr.: 0000015615
Prüflingsnummer: XXX
DIN 76-A
DIN 76-B
© 2014, IHK Region Stuttgart, alle Rechte vorbehalten
M 0716 K1/K2-ar-weiß-060814-re

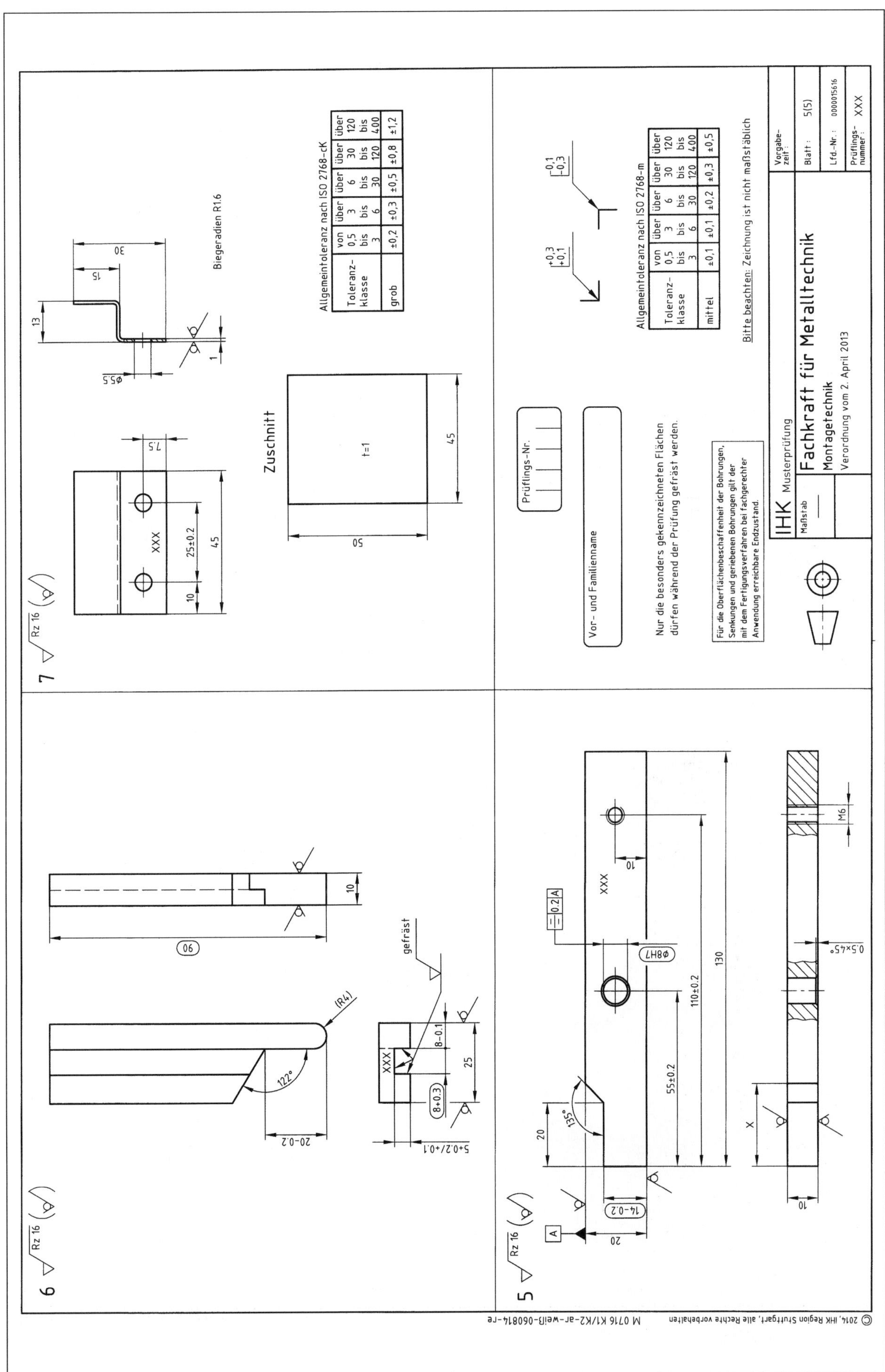
Allgemeintoleranz nach ISO 2768-cK
Toleranzklasse grob: von 0,5 bis 3 ±0,2; über 3 bis 6 ±0,3; über 6 bis 30 ±0,5; über 30 bis 120 ±0,8; über 120 bis 400 ±1,2
Biegeradien R1.6
Zuschnitt
t=1
Allgemeintoleranz nach ISO 2768-m
Toleranzklasse mittel: von 0,5 bis 3 ±0,1; über 3 bis 6 ±0,1; über 6 bis 30 ±0,2; über 30 bis 120 ±0,3; über 120 bis 400 ±0,5
Bitte beachten: Zeichnung ist nicht maßstäblich
Prüflings-Nr.
Vor- und Familienname
Nur die besonders gekennzeichneten Flächen dürfen während der Prüfung gefräst werden.
Für die Oberflächenbeschaffenheit der Bohrungen, Senkungen und geriebenen Bohrungen gilt der mit dem Fertigungsverfahren bei fachgerechter Anwendung erreichbare Endzustand.
IHK Musterprüfung
Fachkraft für Metalltechnik
Montagetechnik
Verordnung vom 2. April 2013
Maßstab
Vorgabezeit:
Blatt: 5(5)
Lfd.-Nr.: 0000015616
Prüflingsnummer: XXX
gefräst
© 2014, IHK Region Stuttgart, alle Rechte vorbehalten
M 0716 K1/K2-ar-weiß-060814-re

17 Industrie- und Handelskammer

Abschlussprüfung

Fachkraft für Metalltechnik
Montagetechnik

Berufs-Nr. 0716

Auftrags- und Funktionsanalyse

Musterprüfung

M 0716 K1/K2

PAL - Prüfungsaufgaben- und Lehrmittelentwicklungsstelle
IHK Region Stuttgart

Vorgabezeit: 90 min

Hilfsmittel: Tabellenbuch, Formelsammlung und nicht programmierter, netzunabhängiger Taschenrechner ohne Kommunikationsmöglichkeit mit Dritten

Sehr geehrter Prüfling,

bevor Sie mit der Bearbeitung der Aufgaben beginnen, lesen Sie bitte **sorgfältig** die folgenden Hinweise.

1 **Allgemeines**

Der Aufgabensatz für den Prüfungsbereich **Auftrags- und Funktionsanalyse** besteht aus:

- 25 gebundenen Aufgaben (also mit vorgegebenen Auswahlantworten)
- 6 ungebundenen Aufgaben (die Sie mit Ihren eigenen Worten in möglichst kurzen Sätzen beantworten müssen)
- Anlage(n): 5 Blatt im Format A3
- Markierungsbogen (grau-weiß)

Für die Ermittlung Ihrer Prüfungsleistungen werden der grau-weiße Markierungsbogen, die Aufgabenblätter mit den ungebundenen Aufgaben (hinten im Heft) und gegebenenfalls die Anlage(n) zugrunde gelegt.

Am Ende der Vorgabezeit von 90 min müssen Sie den Aufgabensatz der Prüfungsaufsicht übergeben.

Bei zeichnerischen Darstellungen gilt die Projektionsmethode 1 ( ).

2 **Hinweise**

Tragen Sie bitte vor Beginn der Bearbeitung der Aufgaben in den Kopf des **grau-weißen Markierungsbogens,** in die Köpfe der **Aufgabenblätter** mit den ungebundenen Aufgaben (hinten im Heft) und gegebenenfalls auf der/den **Anlage(n)** die dort geforderten Angaben ein:

- Prüfungsart und Prüfungstermin
- Die Nummer Ihrer Industrie- und Handelskammer, falls bekannt
- Die Ihnen mit der Einladung zur Prüfung mitgeteilte Prüflingsnummer
- Die auf der Titelseite dieses Aufgabenhefts aufgedruckte Berufsnummer
- Ihren Vor- und Familiennamen und den Ausbildungsbetrieb
- Ihren Ausbildungsberuf
- Prüfungsfach/-bereich „Auftrags- und Funktionsanalyse"
- Projekt-Nr. „01"

Sind diese Angaben bereits eingedruckt, prüfen Sie diese auf Richtigkeit.

Prüfen Sie danach, ob dieses Heft 25 gebundene und 6 ungebundene Aufgaben und 5 Anlage(n) enthält. Informieren Sie bei Unstimmigkeiten **sofort** die Prüfungsaufsicht. **Reklamationen nach dem Schluss der Prüfung werden nicht anerkannt.**

Die **ungebundenen** Aufgaben (hinten im Heft) sind mit den Nummern U1 bis U6 bezeichnet.
Bei mathematischen Aufgaben ist der vollständige Rechengang (Formel, Ansatz, Ergebnis, Einheit) in dem dafür vorgesehenen Feld auszuführen.

Bei den **gebundenen** Aufgaben in diesem Heft ist jeweils nur **eine** der 5 Auswahlantworten **richtig**. Sie dürfen deshalb nur **eine** ankreuzen. Kreuzen Sie mehr als eine oder keine Auswahlantwort an, gilt die Aufgabe als **nicht gelöst**.

Lesen Sie die Aufgabenstellung und die Auswahlantworten sorgfältig durch. Kreuzen Sie erst dann im Markierungsbogen die Ihrer Meinung nach richtige Auswahlantwort an (siehe Abb. 1, Aufgabe 1). Verwenden Sie hierfür unbedingt einen Kugelschreiber, damit Ihre Kreuze auch auf dem Durchschlag eindeutig erkennbar sind.

Sollten Sie ein Kreuz in ein falsches Feld gesetzt haben, machen Sie dieses unkenntlich und setzen Sie ein neues Kreuz an die richtige Stelle (siehe Abb. 1, Aufgabe 2).

Sollten Sie ein bereits unkenntlich gemachtes Feld verwenden wollen, setzen Sie Ihr Kreuz rechts neben das Feld in die weiße Spalte (siehe Abb. 1, Aufgabe 3).

Von den 25 Aufgaben müssen Sie nur 21 bearbeiten. Entscheiden Sie, welche 4 Aufgaben Sie nicht lösen wollen, und streichen Sie diese im Markierungsbogen durch (siehe Abb. 1, Aufgabe 11).
Wenn Sie keine Aufgaben durchstreichen, werden die letzten 4 abwählbaren Aufgaben nicht gewertet. Nicht bearbeitete Aufgaben gelten als nicht gelöst.

Sollten Sie eine bereits abgewählte Aufgabe doch lösen wollen, setzen Sie Ihr Kreuz rechts neben das Feld in die weiße Spalte (siehe Abb. 1, Aufgabe 12).

Möchten Sie eine Aufgabe abwählen, die Sie bereits angekreuzt haben, streichen Sie diese durch (siehe Abb. 1, Aufgabe 13).

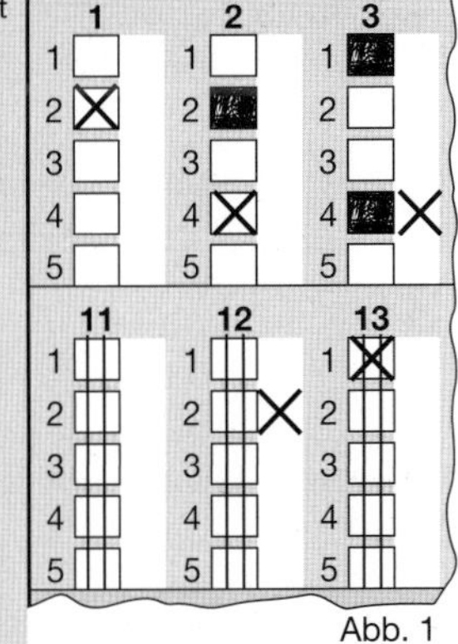

Abb. 1

6 der 25 Aufgaben dürfen Sie nicht abwählen. Diese Aufgaben sind wie im nebenstehenden Beispiel kenntlich gemacht.

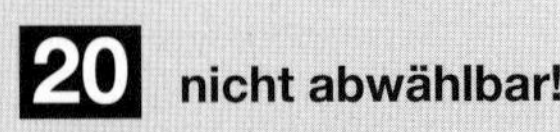

Ihre Industrie- und Handelskammer wünscht Ihnen viel Erfolg!

Dieser Prüfungsaufgabensatz wurde von einem überregionalen nach § 40 Abs. 2 BBiG zusammengesetzten Ausschuss beschlossen. Er wurde für die Prüfungsabwicklung und -abnahme im Rahmen der Ausbildungsprüfungen entwickelt. Weder der Prüfungsaufgabensatz noch darauf basierende Produkte sind für den freien Wirtschaftsverkehr bestimmt.
Beispielhafte Hinweise auf bestimmte Produkte erfolgen ausschließlich zum Veranschaulichen der Produktanforderung beziehungsweise zum Verständnis der jeweiligen Prüfungsaufgabe. Diese Hinweise haben keinen bindenden Produktcharakter.

M 0716 K1/K2

Muster eines Markierungsbogens

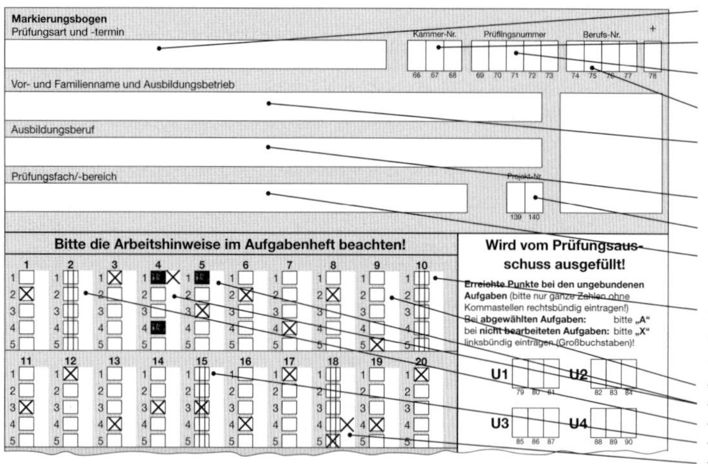

Tragen Sie bitte ein:

- Prüfungsart und -termin
- Die Nummer Ihrer IHK, falls bekannt
- Ihre Prüflingsnummer
- Ihre Berufsnummer
- Ihren Vor- und Familiennamen sowie Ihren Ausbildungsbetrieb
- Ihren Ausbildungsberuf
- Hier „01“
- Hier „Auftrags- und Funktionsanalyse“

Streichen Sie von den abgewählten Aufgaben die Markierungsfelder durch

Bearbeitungsbeispiele für korrekte Einträge:
- bearbeitete Aufgabe
- bearbeitete Aufgabe mit geänderter Lösung
- abgewählte Aufgabe
- bearbeitete Aufgabe, die abgewählt wird
- abgewählte Aufgabe, die doch gelöst wird

1

Blatt 1(5)
Welches Bauteil soll auf X 400 und Y 215 auf der Montageplatte (Pos.-Nr. 1) montiert werden?

1. Montagewinkel (Pos.-Nr. 4)
2. Kabelkanal (Pos.-Nr. 10)
3. Mechanische Baugruppe (Pos.-Nr. 11)
4. Hutschiene (Pos.-Nr. 9)
5. Relais (Pos.-Nr. 7)

2

Blatt 2(5)
Wie viele Zylinderstifte werden für die Montage der mechanischen Baugruppe benötigt?

1. 1 Stück
2. 2 Stück
3. 3 Stück
4. 4 Stück
5. 5 Stück

3

Blatt 2(5)
Die Ständerplatte (Pos.-Nr. 2) wird mit zwei Zylinderschrauben (Pos.-Nr. 11) mit der Grundplatte (Pos.-Nr. 1) verschraubt.

Diese Schraubenverbindung ist eine

1. stoffschlüssige Verbindung.
2. kraftschlüssige Verbindung.
3. formschlüssige Verbindung.
4. form- und stoffschlüssige Verbindung.
5. kraft- und stoffschlüssige Verbindung.

4

Blatt 2(5)
Die Zylinderschrauben (Pos.-Nrn. 10 und 11) sollen für die Montage eine Streckgrenze von 640 N/mm^2 aufweisen. Welche Festigkeitsklasse haben diese Zylinderschrauben?

1. 5.8
2. 6.4
3. 8.8
4. 9.8
5. 10.9

M 0716 K1 -ar-weiß-190314 3

5

Blatt 2(5) und Blatt 4(5)
Wozu dient die Flachkopfschraube (Pos.-Nr. 12)?

(1) Zum Klemmen
(2) Zum Einstellen
(3) Zum Lösen
(4) Zum Verstiften
(5) Zum Lagern

6

Mit welchem Werkzeug können Schrauben angezogen werden, damit sie eine festgelegte Kraft zum Festhalten von Bauteilen erzeugen?

(1) Hakenschlüssel
(2) Schraubendreher
(3) Drehmomentschlüssel
(4) Doppelringschlüssel
(5) Rohrsteckschlüssel

7

Blatt 2(5)
Aus welchem der genannten Werkstoffe bestehen die Halbzeuge der Pos.-Nrn. 1 bis 6?

(1) Automatenstahl
(2) Unlegiertem Baustahl
(3) Legiertem Stahl
(4) Vergütungsstahl
(5) Einsatzstahl

8

Um auf Unfallgefahren und gesundheitliche Gefährdungen aufmerksam zu machen, sind Sicherheitskennzeichen in der Werkstatt angebracht. Durch welche Farbe sind die Gebotszeichen gekennzeichnet?

(1) Rot
(2) Blau
(3) Grün
(4) Weiß
(5) Gelb

9

Blatt 3(5)
In welcher Auswahlantwort sind ausschließlich Unfallverhütungsvorschriften für das Bohren der Grundplatte (Pos.-Nr. 1) aufgeführt?

(1) Haarnetz und Lederschürze tragen
(2) Sicherheitsschuhe und Gehörschutz tragen
(3) Eng anliegende Kleidung und Schutzbrille tragen
(4) Werkstück mit der Hand festhalten
(5) Späne mit Druckluft entfernen

10

Für mechanische Baugruppen sind Inspektionsmaßnahmen vorgesehen. Was beinhaltet eine Inspektion?

(1) Reinigen und Abschmieren
(2) Nachstellen und Kontrollieren
(3) Reparatur und Einstellen
(4) Reparatur und Konservieren
(5) Messen und Sichtprüfung

11

Welche Maßnahme beschreibt eine vorbeugende Instandhaltung an der mechanischen Baugruppe?

1. Das Austauschen eines intakten Bauteils vor Ende seiner maximalen Laufzeit.
2. Das Austauschen eines defekten Bauteils, dessen maximale Laufzeit nicht bekannt war.
3. Das regelmäßige Kontrollieren und Austauschen von defekten Bauteilen.
4. Das Ausbessern von defekten Bauteilen.
5. Das Reinigen und Austauschen von Bauteilen, nachdem ein Schaden entstanden ist.

12

Blatt 4(5)
Am Bolzen (Pos.-Nr. 8) befindet sich das Maß 10–0,05/–0,1. Welches der genannten Maße befindet sich innerhalb der Toleranz?

1. 10,001
2. 9,943
3. 9,170
4. 9,062
5. 9,041

13

Blatt 4(5)
Die Tiefe der Senkungen der Führungsleiste links (Pos.-Nr. 3) soll überprüft werden. Welches Prüfmittel ist hierzu anzuwenden?

1. Grenzlehrdorn 10H7
2. Tiefenmessschieber bis 150 mm
3. Bügelmessschraube 25 mm bis 50 mm
4. Messuhr 0 mm bis 10 mm
5. Haarlineal 100

14

Blatt 5(5)
Was würde zu einer systematischen Messabweichung beim Messen des Maßes 14–0,2 am Hebel (Pos.-Nr. 5) führen?

1. Schmutz auf den Messflächen
2. Grat an der Messstelle des Bauteils
3. Beeinträchtigte Sehfähigkeit des Messenden
4. Zu geringer oder zu großer Kraftaufwand beim Messen
5. Teilungsfehler am Nonius

15

Welches Ventil einer pneumatischen Steuerung erfüllt eine ODER-Funktion?

1. Rückschlagventil
2. 4/2-Wegeventil
3. Drosselventil
4. Zweidruckventil
5. Wechselventil

Weiter nächste Seite!

16

In einer pneumatischen Steuerung befindet sich die abgebildete Baugruppe.
Welche Antwort zur Funktion dieser Baugruppe ist richtig?

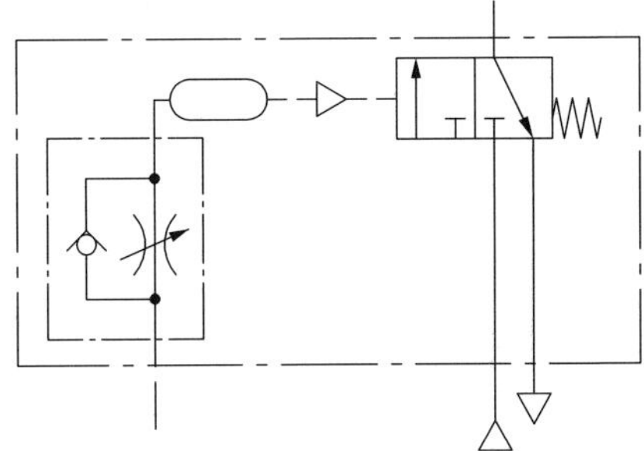

1. Sie dient zur Einstellung des Arbeitsdrucks.
2. Sie drosselt die Ein- oder Ausfahrgeschwindigkeit.
3. Sie dient zur Verstärkung des Arbeitsdrucks.
4. Sie bewirkt eine Reduzierung des Arbeitsdrucks.
5. Sie bewirkt eine zeitverzögerte Funktion.

17

Blatt 5(5)
Wie groß ist der Ausgleichswert *v* (in mm) für das Biegen eines 90°-Winkels am Werkstückleitblech (Pos.-Nr. 7)?

1. $v = 2{,}1$ mm
2. $v = 2{,}5$ mm
3. $v = 2{,}9$ mm
4. $v = 4{,}0$ mm
5. $v = 4{,}8$ mm

18

Blatt 5(5)
Mit welchem Grenzabmaß darf das Maß 30 am Werkstückleitblech (Pos.-Nr. 7) hergestellt werden?

1. ±0,0
2. ±0,2
3. ±0,3
4. ±0,5
5. ±0,8

19

Welche Bauteile (Pos.-Nrn.) müssen bei der Herstellung der mechanischen Baugruppe gemeinsam gebohrt und gerieben werden?

1. Pos.-Nrn. 1 mit 2
2. Pos.-Nrn. 2 mit 5
3. Pos.-Nrn. 3 und 4
4. Pos.-Nrn. 3 und 4 und 5
5. Pos.-Nrn. 3 mit 2 und 4 mit 2

20 nicht abwählbar!

Blatt 2(5)
Der Hebel (Pos.-Nr. 5) wird am Bolzen (Pos.-Nr. 8) mit einer Kraft F_1 = 1,5 N nach unten gezogen. Berechnen Sie die Kraft F_2 (in N), mit welcher der Hebel die Sperre (Pos.-Nr. 6) nach oben drückt.
l_1 = 47 mm, l_2 = 20 mm

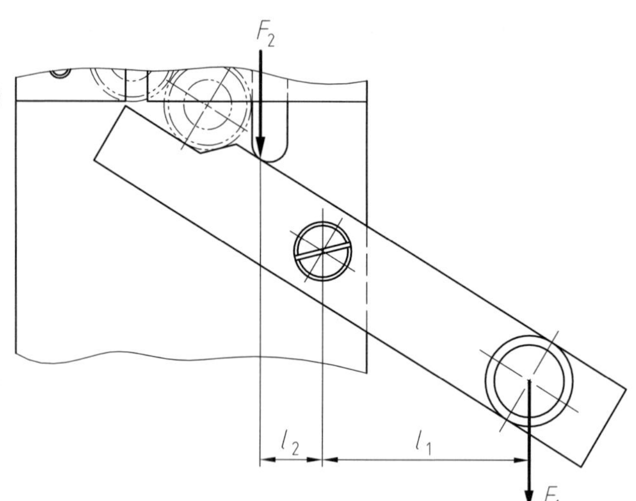

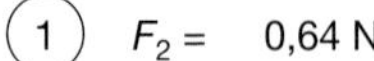

1. F_2 = 0,64 N
2. F_2 = 3,53 N
3. F_2 = 6,38 N
4. F_2 = 352,70 N
5. F_2 = 359,55 N

Nebenrechnung Aufgabe 20:

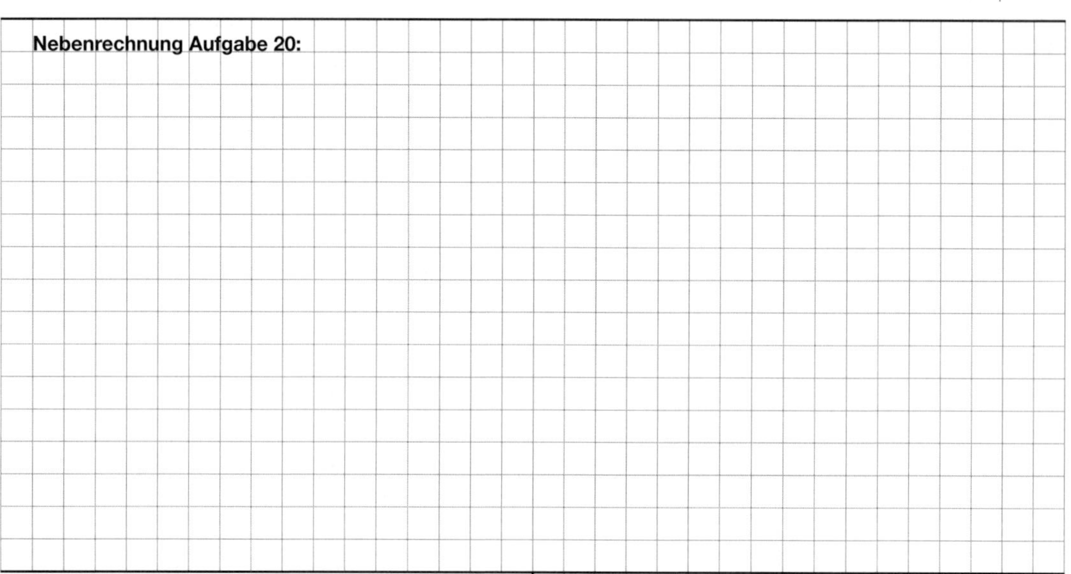

21 nicht abwählbar!

Der Hebel (Pos.-Nr. 5) könnte z. B. durch einen Pneumatikzylinder mit Kolbendurchmesser d = 25 mm angetrieben werden. Beim Ausfahren soll die Kolbenstange eine Kraft F von 147 N erzeugen. Der Wirkungsgrad bleibt unberücksichtigt.
Berechnen Sie den einzustellenden Betriebsdruck p (in bar).

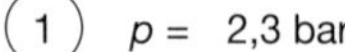

1. p = 2,3 bar
2. p = 3,0 bar
3. p = 4,0 bar
4. p = 7,5 bar
5. p = 10,0 bar

Nebenrechnung Aufgabe 21:

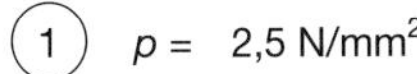

22 nicht abwählbar!

Bei der Montage wird die Ständerplatte (Pos.-Nr. 2) mit der Grundplatte (Pos.-Nr. 1) gefügt. Dabei wirkt auf die Montagefläche A eine Kraft F von 4 000 N. Berechnen Sie die Flächenpressung p (in N/mm²). Bohrungen werden vernachlässigt.

(1) $p = 2{,}5\ \text{N/mm}^2$

(2) $p = 5{,}0\ \text{N/mm}^2$

(3) $p = 10{,}0\ \text{N/mm}^2$

(4) $p = 25{,}0\ \text{N/mm}^2$

(5) $p = 50{,}0\ \text{N/mm}^2$

23 nicht abwählbar!

Blatt 3(5)
In welcher Auswahlantwort ist der Schnittverlauf A–A der Ständerplatte (Pos.-Nr. 2) richtig dargestellt?

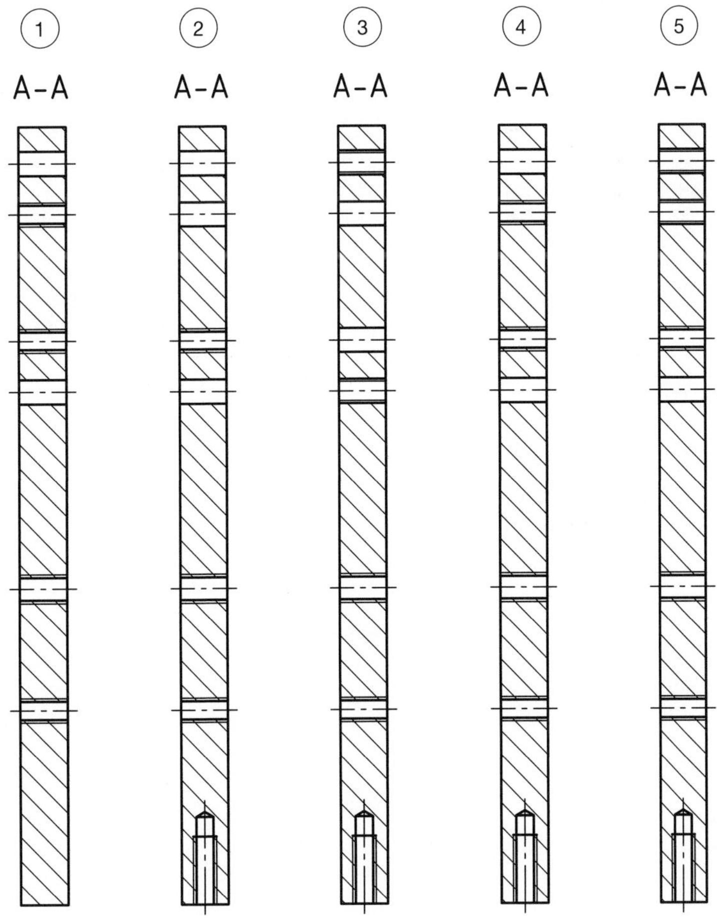

8 M 0716 K1 -ar-weiß-210514

24 nicht abwählbar!

Blatt 5(5)
Welche Bedeutung hat das in Klammer gesetzte Maß an der Sperre (Pos.-Nr. 6)?

1. Es wird besonders geprüft, da es besonders wichtig ist.
2. Es stellt nur einen ungefähren Richtwert dar.
3. Es ist gilt als nicht maßstäblich gezeichnet.
4. Es ist ein Hilfsmaß, das nicht unbedingt zur Fertigung notwendig ist.
5. Es muss nach einer anderen Toleranzklasse gefertigt werden.

25 nicht abwählbar!

Blatt 5(5)
Auf der Zeichnung steht der Vermerk:
„Allgemeintoleranz nach ISO 2768-m".
Für welches der unten genannten Maße ist diese Angabe gültig?

1. Durchmesser 8H7
2. Bohrungsabstand 55±0,2
3. Prüfmaß 14–0,2
4. Prüfmaß 8+0,3
5. Prüfmaß 90

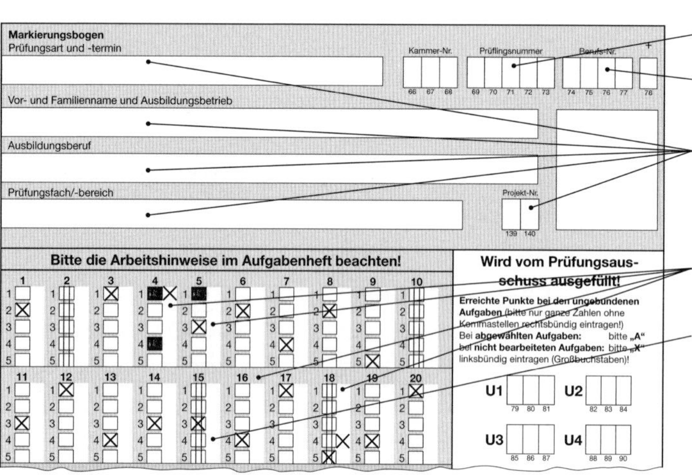

Haben Sie in den Markierungsbogen:

Ihre Prüflingsnummer eingetragen?

Ihre Berufsnummer eingetragen?
(siehe Titelseite dieses Aufgabenhefts)

Diese Felder ausgefüllt bzw. eingedruckte Angaben auf Richtigkeit geprüft?

Die Lösungen der Aufgaben eindeutig eingetragen?

4 Aufgaben abgewählt?

Bei fehlenden oder uneindeutigen Angaben kann der Markierungsbogen nicht ausgewertet werden. Spätere Reklamationen können nicht berücksichtigt werden!

Weiter auf Seite 11!

IHK Musterprüfung	Vor- und Familienname:	
	Prüflingsnummer:	Datum:
Auftrags- und Funktionsanalyse **Ungebundene Aufgaben U1 – U6**	**Fachkraft für Metalltechnik** Montagetechnik	

Tragen Sie in den Kopf dieses Aufgabenblatts bitte Ihren Vor- und Familiennamen, Ihre Prüflingsnummer und das heutige Datum ein. Bearbeiten Sie dann die Aufgaben. Beantworten Sie diese bitte nur mit kurzen Sätzen, wo immer möglich. Bei Aufgaben zu mathematischen Sachverhalten geben Sie bitte den vollständigen Rechengang an.
Übergeben Sie nach Ablauf der Vorgabezeit bitte sämtliche bearbeiteten Unterlagen der Prüfungsaufsicht.

Bei der Bearbeitung der Aufgaben wurde folgendes Tabellenbuch verwendet:

U1

Blatt 2(5)
Beschreiben Sie die Funktion der mechanischen Baugruppe unter Angabe der Benennung der Bauteile und Positionsnummern.

Bewertung (10 bis 0 Punkte)

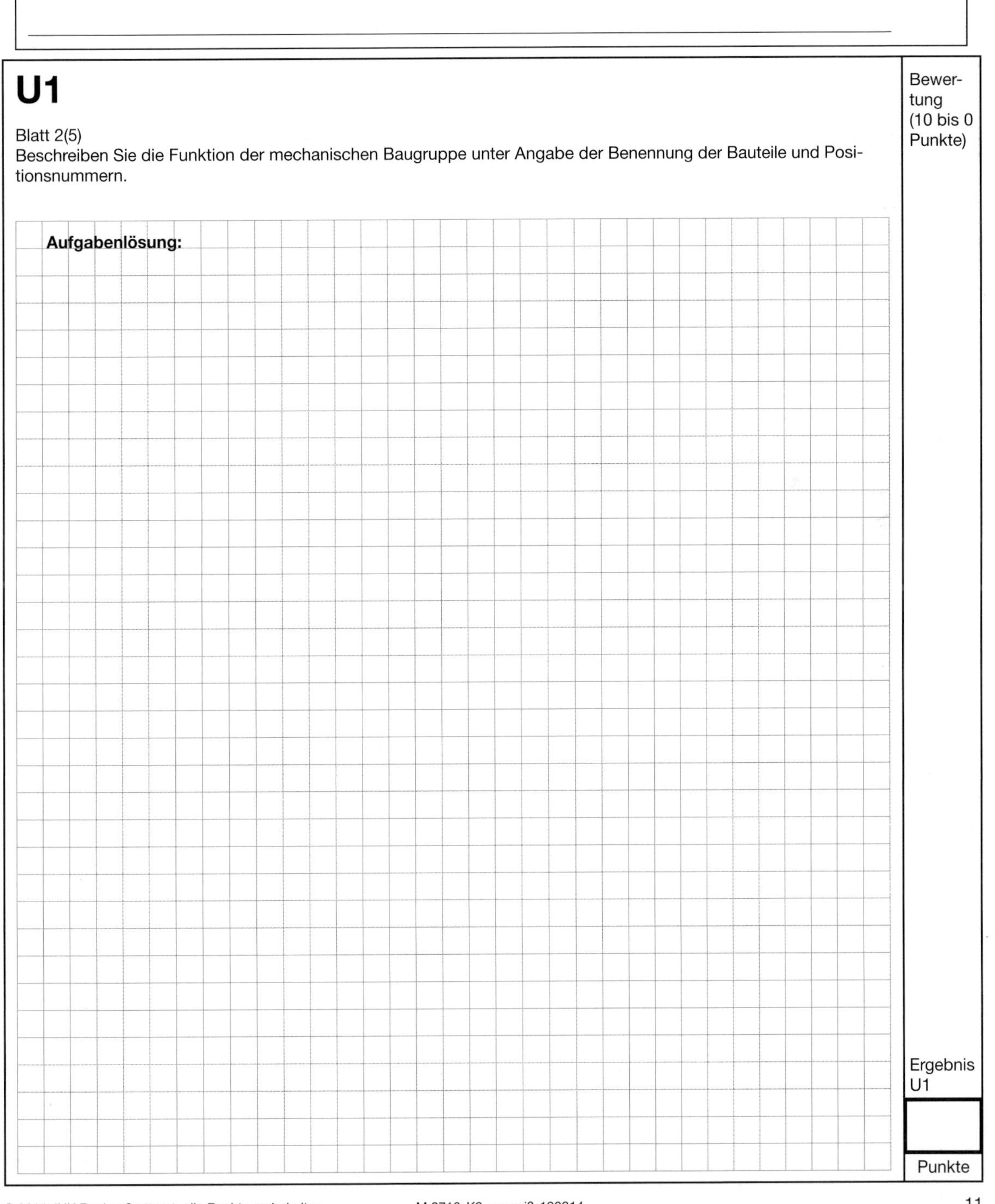

Ergebnis U1

Punkte

U2

In der Montagetechnik wird der Begriff „Fügen“ verwendet.

1. Erklären Sie den Begriff „Fügen“
2. Nennen Sie zwei Fügeverfahren, welche bei der Montage der mechanischen Baugruppe zur Anwendung kommen.
3. Nennen Sie zwei weitere Fügeverfahren.

Ergebnis U2

Punkte

U3

Blatt 2(5)
Für die Montage der mechanischen Baugruppe werden die Schrauben mit den Pos.-Nrn. 10, 11 und 12 verwendet. Berechnen Sie die Zeit t (in min) für die Schraubenmontage unter Berücksichtigung der Stückliste und der Zeitangaben in der Tabelle.

Pos.-Nr.	Zeit in Sekunden je Schraube	
10	t_1	15
11	t_2	18
12	t_3	25

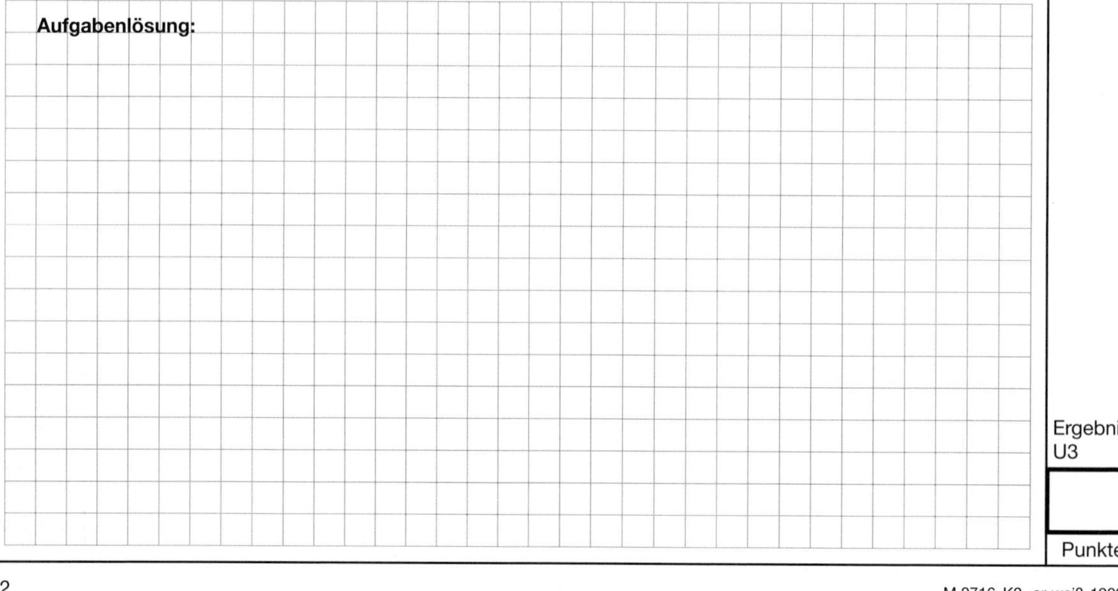

Ergebnis U3

Punkte

IHK Musterprüfung	Vor- und Familienname:	
	Prüflingsnummer:	Datum:
Auftrags- und Funktionsanalyse **Ungebundene Aufgaben U1 – U6**	**Fachkraft für Metalltechnik** Montagetechnik	

Tragen Sie in den Kopf dieses Aufgabenblatts bitte Ihren Vor- und Familiennamen, Ihre Prüflingsnummer und das heutige Datum ein. Bearbeiten Sie dann die Aufgaben. Beantworten Sie diese bitte nur mit kurzen Sätzen, wo immer möglich. Bei Aufgaben zu mathematischen Sachverhalten geben Sie bitte den vollständigen Rechengang an.
Übergeben Sie nach Ablauf der Vorgabezeit bitte sämtliche bearbeiteten Unterlagen der Prüfungsaufsicht.

U4

Blatt 3(5) bis 5(5)
Bei der Herstellung und Montage der mechanischen Baugruppe müssen Prüfmaße beachtet und dokumentiert werden.
Geben Sie alle Maße an, welche in den Zeichnungen als Prüfmaße gekennzeichnet sind.

Bewertung (10 bis 0 Punkte)

Aufgabenlösung:

Prüfmaß (Maßangabe)

Ergebnis U4

Punkte

U5

Blatt 5(5)
Berechnen Sie die gestreckte Länge L (in mm) für das Werkstückleitblech (Pos.-Nr. 7).

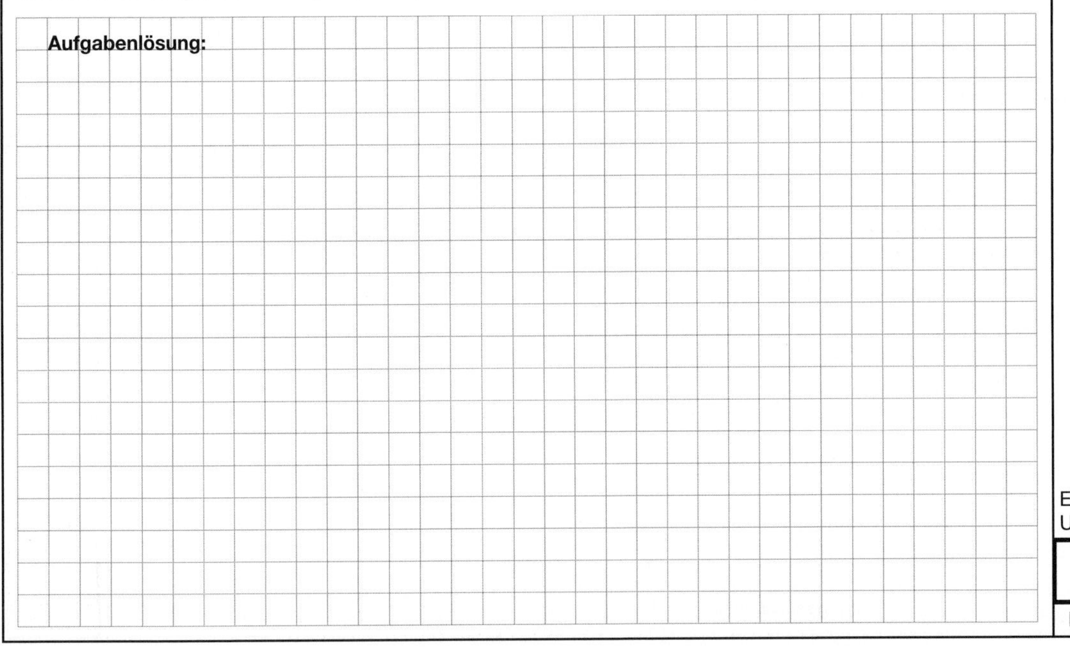

Ergebnis U5

Punkte

 M 0716 K2 -ar-weiß-190314 13

U6

Blatt 5(5)
Skizzieren Sie das Werkstückleitblech (Pos.-Nr. 7) in der Draufsicht ohne Bemaßung.

Aufgabenlösung:

Ergebnis U6

Punkte

Wird vom Prüfungsausschuss ausgefüllt.

Erreichte Punkte bei den ungebundenen Aufgaben

max. 60 Punkte

Die Ergebnisse **U1** bis **U6** bitte in die dafür vorgesehenen Felder des **grau-weißen** Markierungsbogens eintragen!

Datum

Prüfungsausschuss

14 M 0716 K2 -ar-weiß-190314

INDUSTRIE- UND HANDELSKAMMER

Lösungsschablone-Nr.: M 0716 L1

Abschlussprüfung: Musterprüfung

Ausbildungsberuf: Fachkraft für Metalltechnik Montagetechnik

Auftrags- und Funktionsanalyse

1	2	3	4	5	6	7	8	9	10
·	·	·	·	·	·	·	·	·	·
(·)	·	(·)	·	·	·	(·)	(·)	·	·
·	·	·	(·)	·	(·)	·	·	(·)	·
·	(·)	·	·	·	·	·	·	·	·
·	·	·	·	(·)	·	·	·	·	(·)

11	12	13	14	15	16	17	18	19	20
(·)	·	·	·	·	·	(·)	·	·	·
·	(·)	(·)	·	·	·	·	·	·	(·)
·	·	·	·	·	·	·	·	·	·
·	·	·	·	·	·	·	(·)	·	·
·	·	·	(·)	(·)	(·)	·	·	(·)	·

21	22	23	24	25
·	·	·	·	·
(·)	(·)	·	·	·
·	·	·	·	·
·	·	(·)	(·)	·
·	·	·	·	(·)

Auftrags- und Funktionsanalyse

Der Aufgabensatz enthält:

- 25 gebundene Aufgaben, 4 Abwahl, 6 nicht abwählbar, à 1 Punkt = 21 Punkte
- 6 ungebundene Aufgaben, 0 Abwahl, à 10 Punkte = 60 Punkte

Die Einzelergebnisse der ungebundenen Aufgaben sind in den grau-weißen Markierungsbogen in die Felder U1 bis U6 zu übertragen.

Zur manuellen Ermittlung des Ergebnisses **Auftrags- und Funktionsanalyse** ist in den Markierungsbogen einzutragen:

Divisor A: 0,315
Divisor B: 1,8

Dies ergibt die Gewichtung

gebundene Aufgaben: 66,67 %
ungebundene Aufgaben: 33,33 %

Hinweis:

- Vom Prüfling sind **21 von 25 Aufgaben zu bearbeiten**
- Sollten vom Prüfling **keine Aufgaben abgewählt** worden sein, sind die **letzten 4 abwählbaren Aufgaben** zu **streichen**
- Folgende **6 Aufgaben** sind **nicht abwählbar:**

20 21 22 23 24 25

- Werden vorgenannte Aufgaben vom Prüfling **abgewählt**, sind diese als **nicht gelöst** zu werten

Industrie- und Handelskammer

Abschlussprüfung

Fachkraft für Metalltechnik
Montagetechnik

Berufs-Nr. 0716

Schriftliche Prüfung

Lösungsvorschläge für den Prüfungsausschuss

Musterprüfung

M 0716 L

PAL - Prüfungsaufgaben- und Lehrmittelentwicklungsstelle
IHK Region Stuttgart

1 Lösungsschablonen/-vorschläge für den Prüfungsausschuss

1.1 Lösungsschablone Auftrags- und Funktionsanalyse
1.2 Lösungsschablone Fertigungs- und Montagetechnik
1.3 Lösungsschablone Wirtschafts- und Sozialkunde
1.4 Heft Lösungsvorschläge mit — rot
- Auftrags- und Funktionsanalyse
- Fertigungs- und Montagetechnik

(sind im vorliegenden Heft zusammengefasst)

1.5 Gegebenenfalls Blatt Lösungsvorschläge Wirtschafts- und Sozialkunde — rot

Lösungsvarianten sind möglich!
Sinngemäß richtige Lösungen sind voll zu bewerten.

M 0716 L

IHK

Musterprüfung

Auftrags- und Funktionsanalyse **Lösungsvorschläge**	**Fachkraft für Metalltechnik** Montagetechnik

U1

Durch Anheben des Bolzens (Pos.-Nr. 8) in Verbindung mit dem Hebel (Pos.-Nr. 5) wird ein Stellring (Pos.-Nr. 14) nach unten geführt. Gleichzeitig bewegt sich die Sperre (Pos.-Nr. 6) nach unten und blockiert dadurch das Nachrutschen weiterer Stellringe (Pos.-Nr. 14). Der über den Hebel (Pos.-Nr. 5) entnommene Stellring (Pos.-Nr. 14) rollt anschließend vom Hebel (Pos.-Nr. 5). Durch Absenken des Bolzens (Pos.-Nr. 8) in Verbindung mit dem Hebel (Pos.-Nr. 5) bewegt sich die Sperre (Pos.-Nr. 6) wieder nach oben und gibt den nächsten Stellring (Pos.-Nr. 14) für eine weitere Entnahme frei.

U2

1. Fügen ist das dauerhafte Zusammenbringen (Verbinden) von Bauteilen.
2. Verschrauben, Verstiften
3. Nieten, Kleben

U3

$t = n_1 \cdot t_1 + n_2 \cdot t_2 + n_3 \cdot t_3$

$t = 2 \cdot 15\text{ s} + 6 \cdot 18\text{ s} + 1 \cdot 25\text{ s}$

$t = 163\text{ s} = \underline{\underline{2{,}72\text{ min}}}$

U4

Prüfmaß (Maßangabe)
26
8+0,3
∅ 8H7
∅ 10–0,05/–0,1
14–0,2
5,4+0,4
90
∅ 16–0,1

U5

Länge $L = a + b + c - n \cdot v$

Länge $L = 15\text{ mm} + 13\text{ mm} + 16\text{ mm} - 2 \cdot 2{,}1\text{ mm} = \underline{\underline{39{,}8\text{ mm}}}$

U6

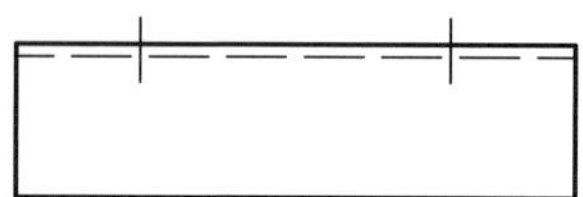

2.5 Schriftliche Aufgabenstellungen (Fertigungs- und Montagetechnik)

In der Abfolge der Prüfungsdurchführung ist es aufgrund des thematischen Zusammenhangs sinnvoll, die schriftlichen Aufgabenstellungen und das 7-stündige Prüfungsstück in einem engen zeitlichen Zusammenhang durchzuführen.

Durch die geforderte Handlungs- und Prozessorientierung ist die Mehrzahl der Aufgaben in Form der thematischen Klammer dargestellt.

Anhand der schriftlichen Aufgabenstellungen wird ermittelt, ob der Prüfling die notwendigen beruflichen Kenntnisse besitzt und ob er mit dem im Berufsschulunterricht vermittelten Lehrstoff vertraut ist. Es werden dabei auch Aufgaben zu den Themengebieten der Technischen Mathematik und der Technischen Kommunikation (z. B. Zeichnungslesen) gestellt.

Bei den vorgegebenen fünf Auswahlantworten der gebundenen Aufgaben ist jeweils nur eine richtig. Es darf deshalb nur ein Kreuz gemacht werden.

Für den Prüfungsbereich Fertigungs- und Montagetechnik ist in der Verordnung eine Höchstzeit von 60 Minuten angegeben.

Der Prüfungsbereich beinhaltet

- 20 Aufgaben in gebundener Form mit 3 abwählbaren Aufgaben und
- 4 Aufgaben in ungebundener Form.
- Bei den gebundenen und den ungebundenen Aufgaben werden auch Aufgaben aus der Mathematik und der Technischen Kommunikation (z. B. Zeichnungslesen) gestellt. Die 4 Aufgaben zur Mathematik und Technischen Kommunikation in gebundener Form sind nicht abwählbar.

Die gebundenen Aufgaben werden in Form der thematischen Klammer dargestellt – einer Weiterentwicklung von gebundenen Aufgaben, durch die auch komplexe Situationen erfasst werden können.

Die ungebundenen Aufgaben sind dadurch gekennzeichnet, dass der Prüfling nach eigenem Ermessen Antworten auf die ihm gestellten Aufgaben frei formulieren muss.

Die schriftlichen Aufgabenstellungen sind für alle Fachrichtungen unterschiedlich.

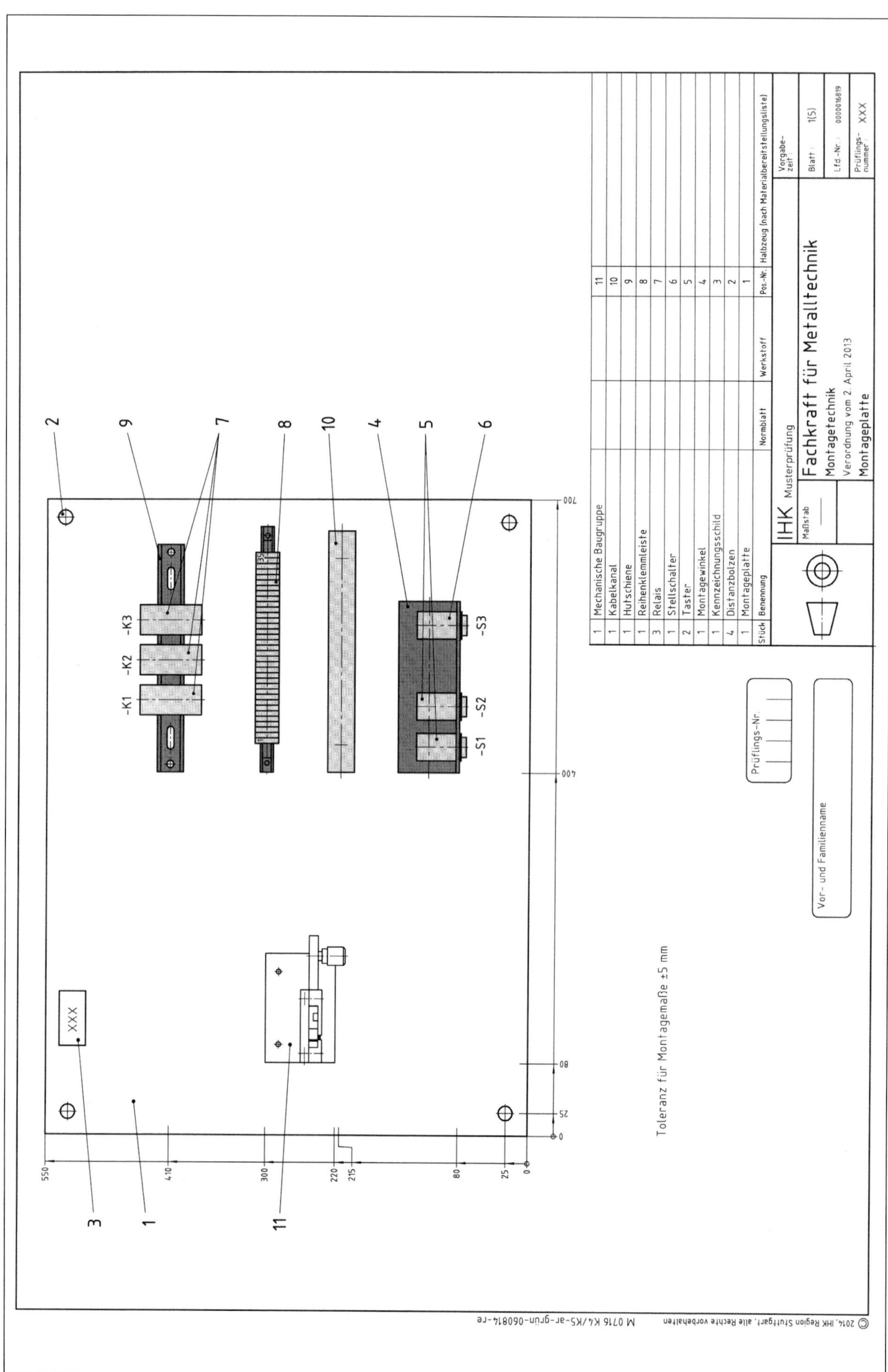

Toleranz für Montagemaße ±5 mm
-K1 -K2 -K3
-S1 -S2 -S3
XXX
1 Mechanische Baugruppe 11
1 Kabelkanal 10
1 Hutschiene 9
1 Reihenklemmleiste 8
3 Relais 7
1 Stellschalter 6
2 Taster 5
1 Montagewinkel 4
1 Kennzeichnungsschild 3
4 Distanzbolzen 2
1 Montageplatte 1
Stück Benennung Normblatt Werkstoff Pos.-Nr. Halbzeug (nach Materialbereitstellungsliste)
IHK Musterprüfung
Maßstab
Fachkraft für Metalltechnik
Montagetechnik
Verordnung vom 2. April 2013
Montageplatte
Vorgabezeit:
Blatt: 1(5)
Prüflings-nummer: XXX
Prüflings-Nr.
Vor- und Familienname
M 0716 K4/K5-ar-grün-060814-re
© 2014, IHK Region Stuttgart, alle Rechte vorbehalten

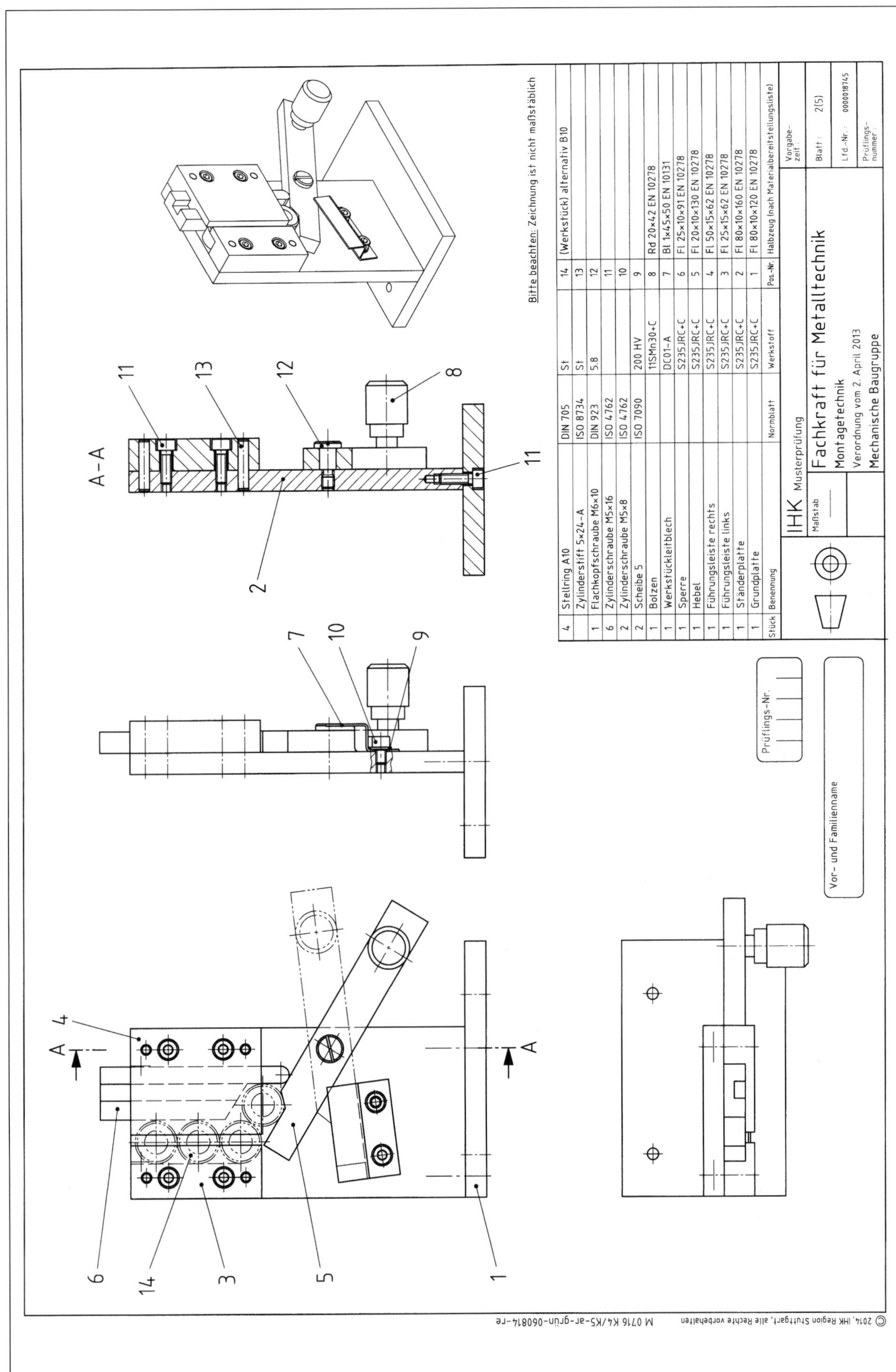

Stück	Benennung	Normblatt	Werkstoff	Pos.-Nr.	Halbzeug (nach Materialbereitstellungsliste)
4	Stellring A10	DIN 705	St	14	(Werkstück) alternativ B10
	Zylinderstift 5×24-A	ISO 8734	St	13	
1	Flachkopfschraube M6×10	DIN 923	5.8	12	
6	Zylinderschraube M5×16	ISO 4762		11	
2	Zylinderschraube M5×8	ISO 4762		10	
2	Scheibe 5	ISO 7090	200 HV	9	
1	Bolzen		11SMn30+C	8	Rd 20×42 EN 10278
1	Werkstückleitblech		DC01-A	7	Bl 1×45×50 EN 10131
1	Sperre		S235JRC+C	6	Fl 25×10×91 EN 10278
1	Hebel		S235JRC+C	5	Fl 20×10×130 EN 10278
1	Führungsleiste rechts		S235JRC+C	4	Fl 50×15×62 EN 10278
1	Führungsleiste links		S235JRC+C	3	Fl 25×15×62 EN 10278
1	Ständerplatte		S235JRC+C	2	Fl 80×10×160 EN 10278
1	Grundplatte		S235JRC+C	1	Fl 80×10×120 EN 10278

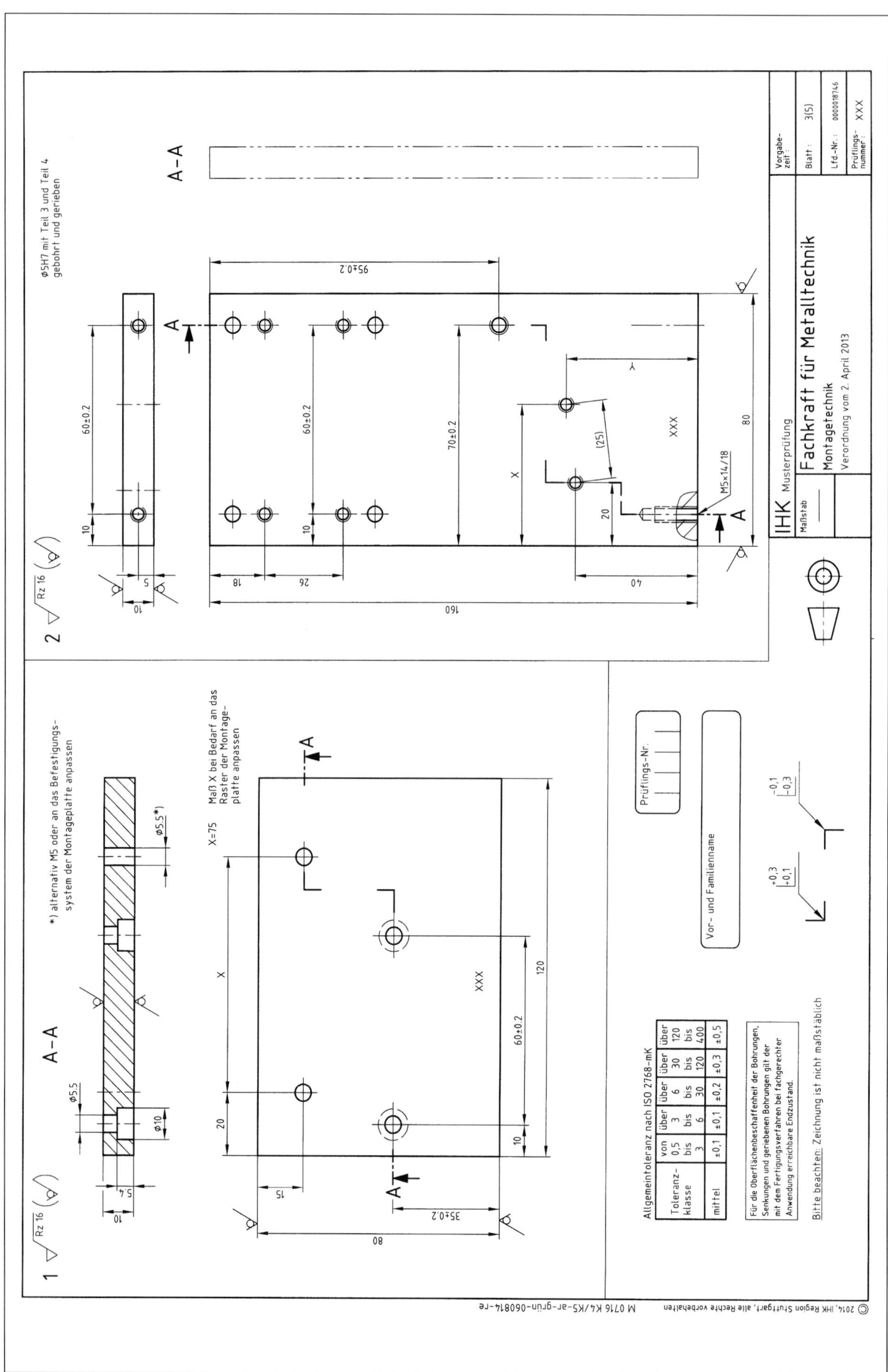
1 Rz 16
A-A
*) alternativ M5 oder an das Befestigungssystem der Montageplatte anpassen
Maß X bei Bedarf an das Raster der Montageplatte anpassen
X=75
2 Rz 16
A-A
ø5H7 mit Teil 3 und Teil 4 gebohrt und gerieben
M5x14/18
Allgemeintoleranz nach ISO 2768-mK
Toleranzklasse | von 0,5 bis 3 | über 3 bis 6 | über 6 bis 30 | über 30 bis 120 | über 120 bis 400
mittel | ±0,1 | ±0,1 | ±0,2 | ±0,3 | ±0,5
Für die Oberflächenbeschaffenheit der Bohrungen, Senkungen und geriebenen Bohrungen gilt der mit dem Fertigungsverfahren bei fachgerechter Anwendung erreichbare Endzustand.
Bitte beachten: Zeichnung ist nicht maßstäblich
Prüflings-Nr.
Vor- und Familienname
IHK Musterprüfung
Fachkraft für Metalltechnik
Montagetechnik
Verordnung vom 2. April 2013
Maßstab
Vorgabezeit:
Blatt: 3(5)
Lfd.-Nr.: 0000018746
Prüflingsnummer: XXX
© 2014, IHK Region Stuttgart, alle Rechte vorbehalten
M 0716 K4/K5-ar-grün-060814-re

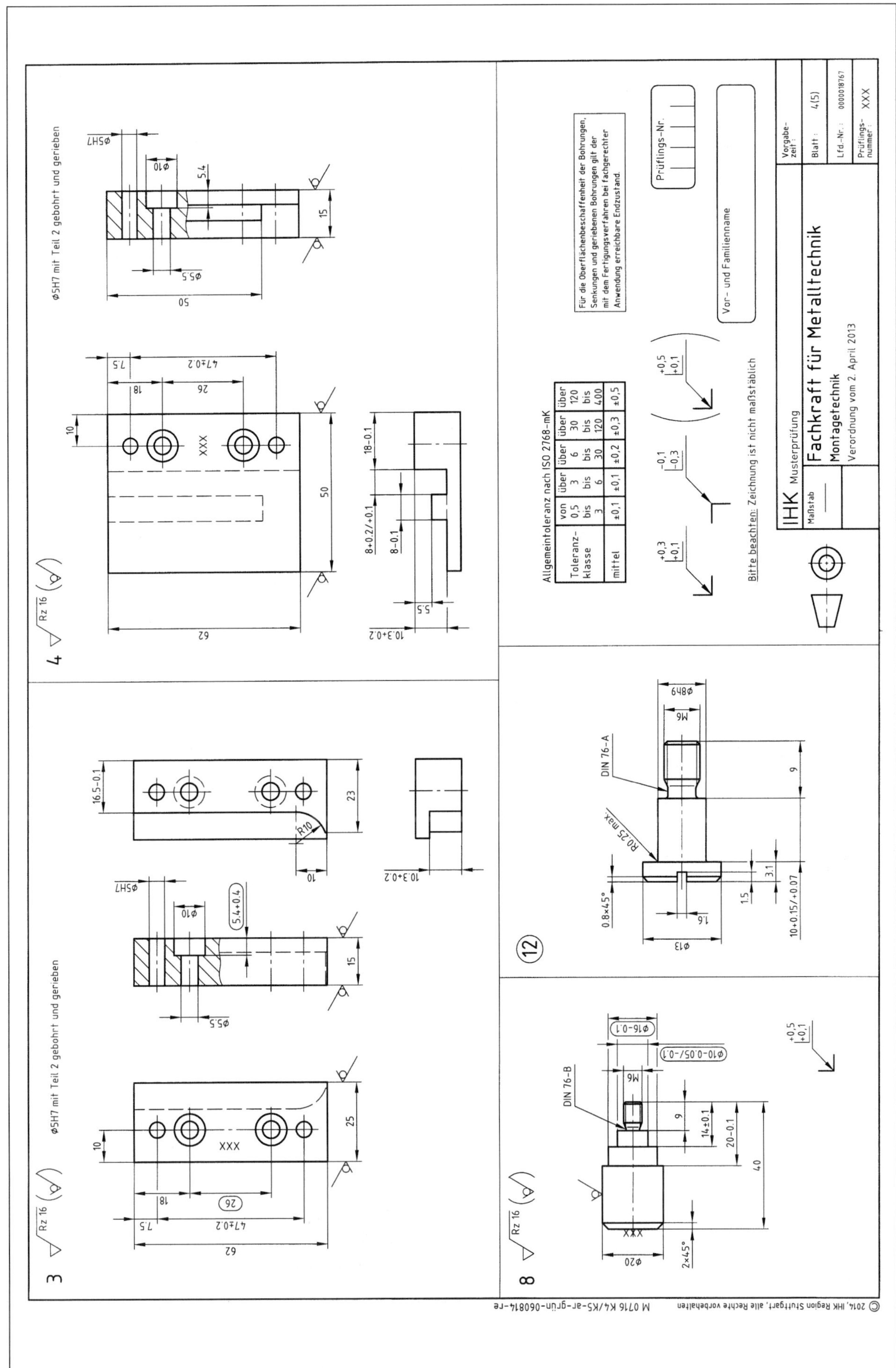

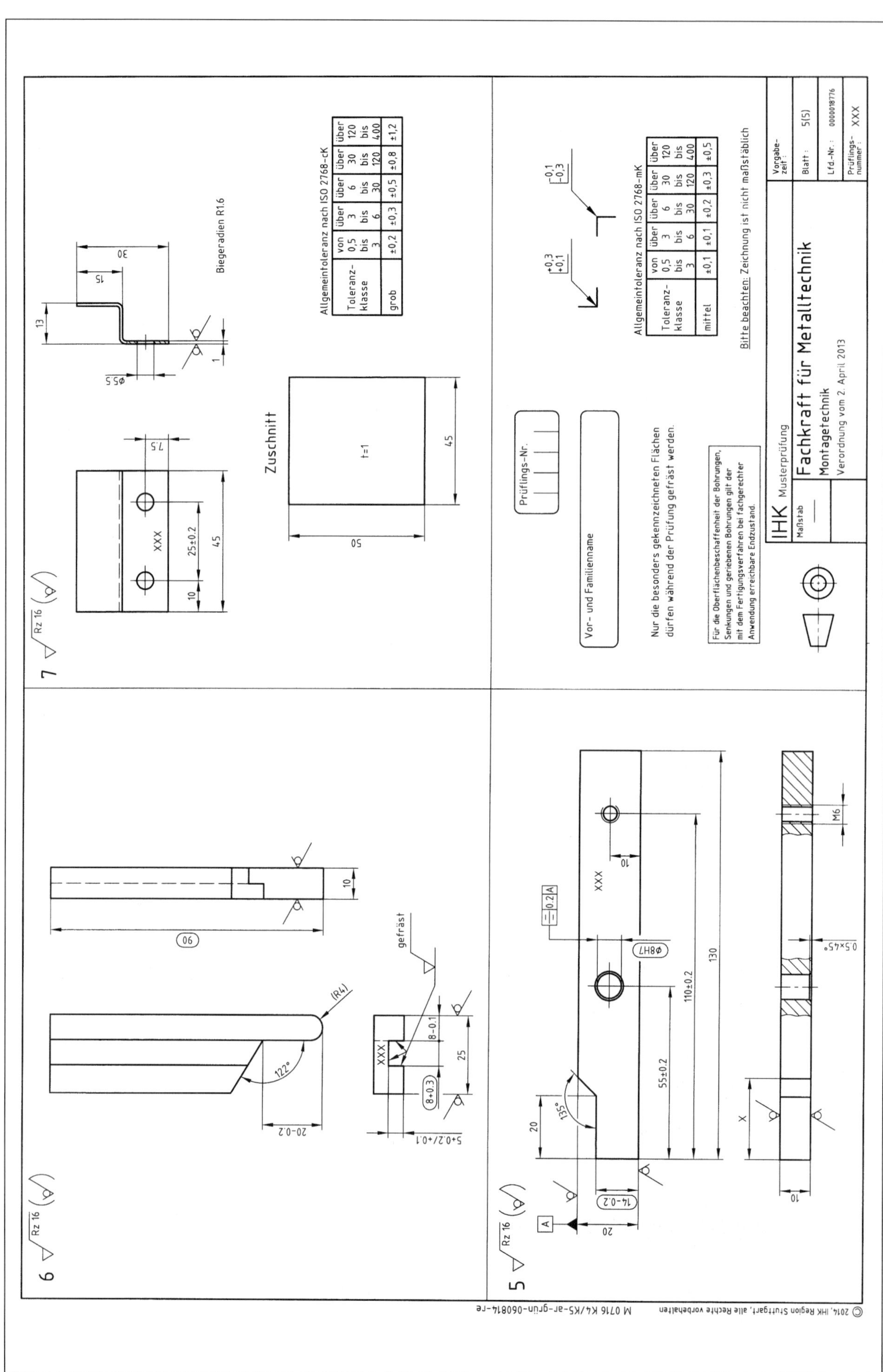
Zuschnitt
t=1
Biegeradien R1.6
gefräst
Allgemeintoleranz nach ISO 2768-cK
Toleranzklasse | von 0,5 bis 3 | über 3 bis 6 | über 6 bis 30 | über 30 bis 120 | über 120 bis 400
grob | ±0,2 | ±0,3 | ±0,5 | ±0,8 | ±1,2
Allgemeintoleranz nach ISO 2768-mK
Toleranzklasse | von 0,5 bis 3 | über 3 bis 6 | über 6 bis 30 | über 30 bis 120 | über 120 bis 400
mittel | ±0,1 | ±0,1 | ±0,2 | ±0,3 | ±0,5
Bitte beachten: Zeichnung ist nicht maßstäblich
Prüflings-Nr.
Vor- und Familienname
Nur die besonders gekennzeichneten Flächen dürfen während der Prüfung gefräst werden.
Für die Oberflächenbeschaffenheit der Bohrungen, Senkungen und geriebenen Bohrungen gilt der mit dem Fertigungsverfahren bei fachgerechter Anwendung erreichbare Endzustand.
IHK Musterprüfung
Fachkraft für Metalltechnik
Montagetechnik
Verordnung vom 2. April 2013
Maßstab
Vorgabezeit:
Blatt: 5(5)
Lfd.-Nr.: 000018776
Prüflings-nummer: XXX
M 0716 K4/K5-ar-grün-060814-re
© 2014, IHK Region Stuttgart, alle Rechte vorbehalten

Industrie- und Handelskammer

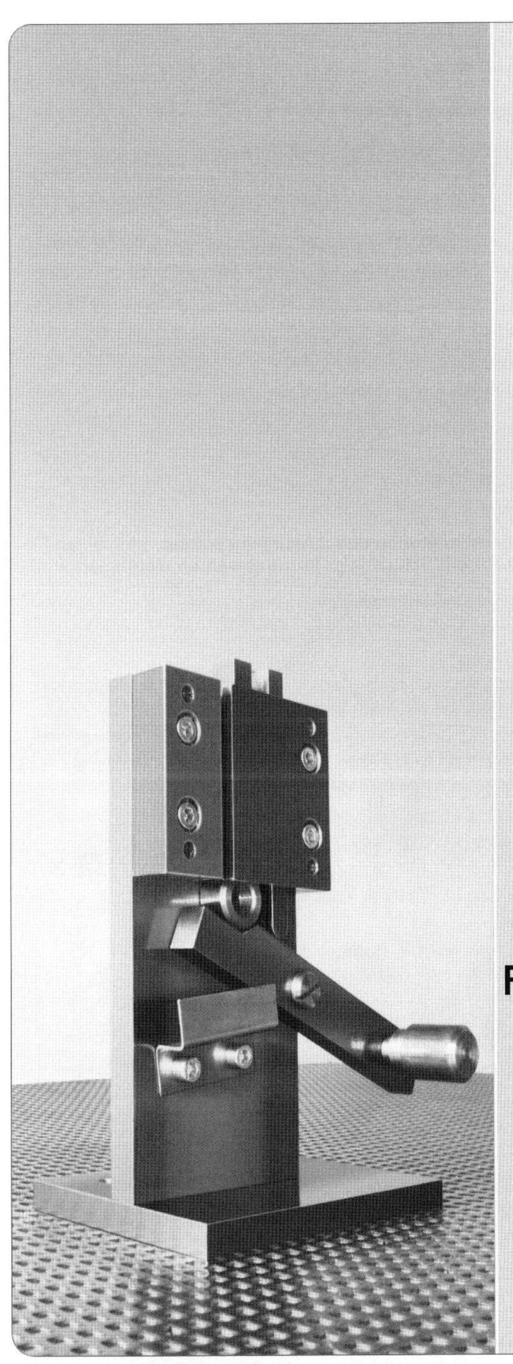

Abschlussprüfung

Fachkraft für Metalltechnik
Montagetechnik

Berufs-Nr.
0716

Fertigungs- und Montagetechnik

Musterprüfung

M 0716 K4/K5

PAL - Prüfungsaufgaben- und Lehrmittelentwicklungsstelle
IHK Region Stuttgart

Vorgabezeit: 60 min

Hilfsmittel: Tabellenbuch, Formelsammlung und nicht programmierter, netzunabhängiger Taschenrechner ohne Kommunikationsmöglichkeit mit Dritten

Sehr geehrter Prüfling,

bevor Sie mit der Bearbeitung der Aufgaben beginnen, lesen Sie bitte **sorgfältig** die folgenden Hinweise.

1 **Allgemeines**

Der Aufgabensatz für den Prüfungsbereich **Fertigungs- und Montagetechnik** besteht aus:

- 20 gebundenen Aufgaben (also mit vorgegebenen Auswahlantworten)
- 4 ungebundenen Aufgaben (die Sie mit Ihren eigenen Worten in möglichst kurzen Sätzen beantworten müssen)
- Anlage(n): 5 Blatt im Format A3
- Markierungsbogen (grün)

Für die Ermittlung Ihrer Prüfungsleistungen werden der grüne Markierungsbogen, die Aufgabenblätter mit den ungebundenen Aufgaben (hinten im Heft) und gegebenenfalls die Anlage(n) zugrunde gelegt.

Am Ende der Vorgabezeit von 60 min müssen Sie den Aufgabensatz der Prüfungsaufsicht übergeben.

Bei zeichnerischen Darstellungen gilt die Projektionsmethode 1 ( ).

2 **Hinweise**

Tragen Sie bitte vor Beginn der Bearbeitung der Aufgaben in den Kopf des **grünen Markierungsbogens,** in die Köpfe der **Aufgabenblätter** mit den ungebundenen Aufgaben (hinten im Heft) und gegebenenfalls auf der/den **Anlage(n)** die dort geforderten Angaben ein:

- Prüfungsart und Prüfungstermin
- Die Nummer Ihrer Industrie- und Handelskammer, falls bekannt
- Die Ihnen mit der Einladung zur Prüfung mitgeteilte Prüflingsnummer
- Die auf der Titelseite dieses Aufgabenhefts aufgedruckte Berufsnummer
- Ihren Vor- und Familiennamen und den Ausbildungsbetrieb
- Ihren Ausbildungsberuf
- Prüfungsfach/-bereich „Fertigungs- und Montagetechnik"
- Projekt-Nr. „01"

Sind diese Angaben bereits eingedruckt, prüfen Sie diese auf Richtigkeit.

Prüfen Sie danach, ob dieses Heft 20 gebundene und 4 ungebundene Aufgaben und 5 Anlage(n) enthält. Informieren Sie bei Unstimmigkeiten **sofort** die Prüfungsaufsicht. **Reklamationen nach dem Schluss der Prüfung werden nicht anerkannt.**

Die **ungebundenen** Aufgaben (hinten im Heft) sind mit den Nummern U1 bis U4 bezeichnet.
Bei mathematischen Aufgaben ist der vollständige Rechengang (Formel, Ansatz, Ergebnis, Einheit) in dem dafür vorgesehenen Feld auszuführen.

Bei den **gebundenen** Aufgaben in diesem Heft ist jeweils nur **eine** der 5 Auswahlantworten **richtig**. Sie dürfen deshalb nur **eine** ankreuzen. Kreuzen Sie mehr als eine oder keine Auswahlantwort an, gilt die Aufgabe als **nicht gelöst.**

Lesen Sie die Aufgabenstellung und die Auswahlantworten sorgfältig durch. Kreuzen Sie erst dann im Markierungsbogen die Ihrer Meinung nach richtige Auswahlantwort an (siehe Abb. 1, Aufgabe 1). Verwenden Sie hierfür unbedingt einen Kugelschreiber, damit Ihre Kreuze auch auf dem Durchschlag eindeutig erkennbar sind.

Sollten Sie ein Kreuz in ein falsches Feld gesetzt haben, machen Sie dieses unkenntlich und setzen Sie ein neues Kreuz an die richtige Stelle (siehe Abb. 1, Aufgabe 2).

Sollten Sie ein bereits unkenntlich gemachtes Feld verwenden wollen, setzen Sie Ihr Kreuz rechts neben das Feld in die weiße Spalte (siehe Abb. 1, Aufgabe 3).

Von den 20 Aufgaben müssen Sie nur 17 bearbeiten. Entscheiden Sie, welche 3 Aufgaben Sie nicht lösen wollen, und streichen Sie diese im Markierungsbogen durch (siehe Abb. 1, Aufgabe 11).
Wenn Sie keine Aufgaben durchstreichen, werden die letzten 3 abwählbaren Aufgaben nicht gewertet. Nicht bearbeitete Aufgaben gelten als nicht gelöst.

Sollten Sie eine bereits abgewählte Aufgabe doch lösen wollen, setzen Sie Ihr Kreuz rechts neben das Feld in die weiße Spalte (siehe Abb. 1, Aufgabe 12).

Möchten Sie eine Aufgabe abwählen, die Sie bereits angekreuzt haben, streichen Sie diese durch (siehe Abb. 1, Aufgabe 13).

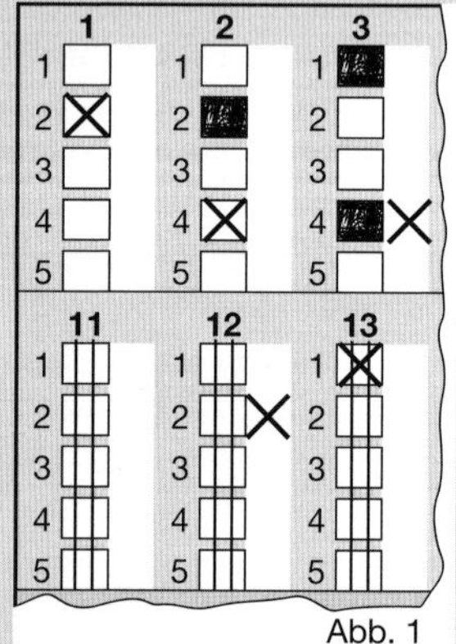

Abb. 1

4 der 20 Aufgaben dürfen Sie nicht abwählen. Diese Aufgaben sind wie im nebenstehenden Beispiel kenntlich gemacht.

nicht abwählbar!

Ihre Industrie- und Handelskammer wünscht Ihnen viel Erfolg!

Dieser Prüfungsaufgabensatz wurde von einem überregionalen nach § 40 Abs. 2 BBiG zusammengesetzten Ausschuss beschlossen. Er wurde für die Prüfungsabwicklung und -abnahme im Rahmen der Ausbildungsprüfungen entwickelt. Weder der Prüfungsaufgabensatz noch darauf basierende Produkte sind für den freien Wirtschaftsverkehr bestimmt.
Beispielhafte Hinweise auf bestimmte Produkte erfolgen ausschließlich zum Veranschaulichen der Produktanforderung beziehungsweise zum Verständnis der jeweiligen Prüfungsaufgabe. Diese Hinweise haben keinen bindenden Produktcharakter.

M 0716 K4/K5

Muster eines Markierungsbogens

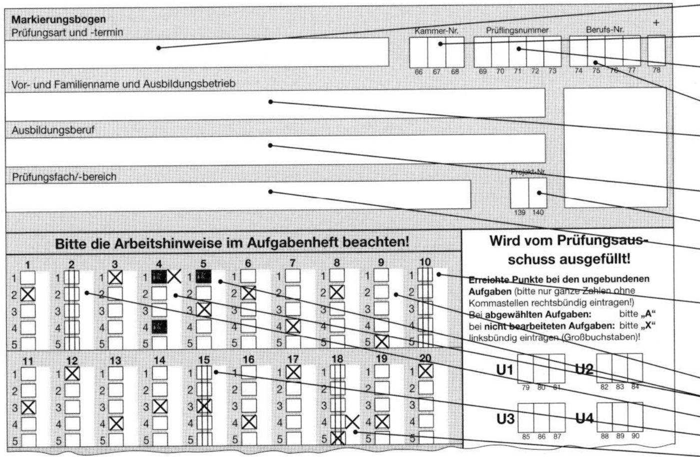

Markierungsbogen
Prüfungsart und -termin
Kammer-Nr. | Prüflingsnummer | Berufs-Nr.
Vor- und Familienname und Ausbildungsbetrieb
Ausbildungsberuf
Prüfungsfach/-bereich
Projekt-Nr.
Bitte die Arbeitshinweise im Aufgabenheft beachten!
Wird vom Prüfungsausschuss ausgefüllt!
Erreichte Punkte bei den ungebundenen Aufgaben (bitte nur ganze Zahlen ohne Kommastellen rechtsbündig eintragen!)
Bei abgewählten Aufgaben: bitte „A“
bei nicht bearbeiteten Aufgaben: bitte „X“
linksbündig eintragen (Großbuchstaben)!
U1 U2
U3 U4

Tragen Sie bitte ein:

- Prüfungsart und -termin
- Die Nummer Ihrer IHK, falls bekannt
- Ihre Prüflingsnummer
- Ihre Berufsnummer
- Ihren Vor- und Familiennamen sowie Ihren Ausbildungsbetrieb
- Ihren Ausbildungsberuf
- Hier „01“
- Hier „Fertigungs- und Montagetechnik“

Streichen Sie von den abgewählten Aufgaben die Markierungsfelder durch

Bearbeitungsbeispiele für korrekte Einträge:
- bearbeitete Aufgabe
- bearbeitete Aufgabe mit geänderter Lösung
- abgewählte Aufgabe
- bearbeitete Aufgabe, die abgewählt wird
- abgewählte Aufgabe, die doch gelöst wird

1

Welche Aussage zu einem Montageplan ist *falsch*?

1. Er enthält die Anzahl der Arbeitskräfte.
2. Er enthält die erforderlichen Vorrichtungen, Werkzeuge und Hilfsmittel.
3. Er enthält die Reihenfolge des Zusammenbaus.
4. Er gibt eine Vorgabezeit für die Montage vor.
5. Er schreibt die Mess- und Prüfmittel vor.

2

Blatt 2(5)
Die Stiftverbindungen mit den Zylinderstiften (Pos.-Nr. 13) sind für die Montage der Bauteile herzustellen. Welche Vorgehensweise ist richtig?

1. Bauteile mit digitalem Höhenreißer anreißen, mit Feinkörner ankörnen und einzeln bohren
2. Bauteile mit digitalem Höhenreißer anreißen, anzentrieren und bohren
3. Bauteile ausrichten, verschrauben, zusammen bohren und mit einer verstellbaren Montagereibahle einzeln ausreiben
4. Bauteile ausrichten, verschrauben, Funktion prüfen, zusammen bohren, senken und reiben
5. Bauteile auf NC-Bohrwerk einzeln bohren und in erneuter Aufspannung reiben

3

Blatt 2(5)
Die Bauteile (Pos.-Nrn. 1 und 2) könnten alternativ durch ein Schweißverfahren miteinander verbunden werden. Welches Verfahren wird durch die Nummer 135 gefordert?

1. Metall-Lichtbogenschweißen
2. Unterpulverschweißen
3. Metall-Aktivgasschweißen (MAG)
4. Plasmaschweißen
5. Gasschmelzschweißen mit Sauerstoff

4

Blatt 2(5)
Die Bauteile (Pos.-Nr. 1 und 2) könnten alternativ durch Schweißen mit einer Kehlnaht verbunden werden.
Wie wird in diesem Fall die Stoßart genannt?

1. Stumpfstoß
2. T-Stoß
3. Überlappstoß
4. Eckstoß
5. I-Stoß

5

Blatt 2(5)
Aus welchem Werkstoff muss die Baugruppe hergestellt werden, wenn diese vor hoher Korrosion geschützt werden soll?

1. S235JRC+C
2. 11SMn30+C
3. C60
4. 16MnCr5
5. X10CrNi18-8

6

Mit welchem maximalen Anziehdrehmoment M_A (in N m) müssen Zylinderschrauben M8 mit der Festigkeitsklasse 10.9 bei der Montage angezogen werden?
Die Schrauben wurden leicht geölt.

1. M_A = 3,1 N m
2. M_A = 3,6 N m
3. M_A = 27,3 N m
4. M_A = 30,0 N m
5. M_A = 35,0 N m

	Vorspannkraft F_V (in kN)			Anziehdrehmoment M_A (in N m)		
	MoS_2 geschmiert			MoS_2 geschmiert		
Festigkeitsklasse	8.8	10.9	12.9	8.8	10.9	12.9
Gewinde						
M4	4,4	6,5	7,6	2,1	3,1	3,6
M5	7,2	10,5	12,3	4,2	6,1	7,2
M6	10,1	14,9	17,4	7,3	11,0	12,0
M8	18,6	27,3	31,9	17,0	26,0	30,0
	leicht geölt			leicht geölt		
Festigkeitsklasse	8.8	10.9	12.9	8.8	10.9	12.9
Gewinde						
M4	4,3	6,2	7,3	2,4	3,6	4,2
M5	6,9	10,2	11,9	4,8	7,1	8,3
M6	8,8	14,3	16,8	8,3	12,0	14,0
M8	17,9	26,3	30,7	20,0	30,0	35,0

7

Wann sollen die Maschinen in einem Industriebetrieb in der Regel gewartet werden?

1. An Sonn- und Feiertagen
2. Entsprechend den Vorgaben im Wartungsplan
3. Wenn Mängel auftreten
4. Moderne Maschinen sind wartungsfrei
5. Vor jedem Schichtbeginn

8

Welche Warnung stellt das Sicherheitskennzeichen dar?

1. Warnung vor elektronischer Hochspannung
2. Warnung vor elektrischer Aufladung am Gehäuse
3. Warnung vor Blitzschlag
4. Warnung vor gefährlicher elektrischer Spannung
5. Warnung vor elektromagnetischer Strahlung

9

Wer ist im Betrieb für die Einhaltung des Qualitätsstandards verantwortlich?

1. Nur die Betriebsleitung
2. Die Gewerkschaften
3. Die Berufsgenossenschaften
4. Alle Mitarbeiter des Betriebs
5. Nur die Qualitätssicherung

10

Was ist ein Prüfplan?

1. Dokument zur Erfassung der Wartungsintervalle einer Maschine
2. Dokument zur Festlegung von Merkmalen zur Qualitätsprüfung
3. Dokument zur Festlegung von Merkmalen zur Auditvorbereitung
4. Dokument zur Festlegung der Prüfmittelüberwachung
5. Dokument zur Festlegung der Erstmusterprüfung

11

Welches der dargestellten Schaltzeichen ist das Symbol für ein Wechselventil mit ODER-Funktion?

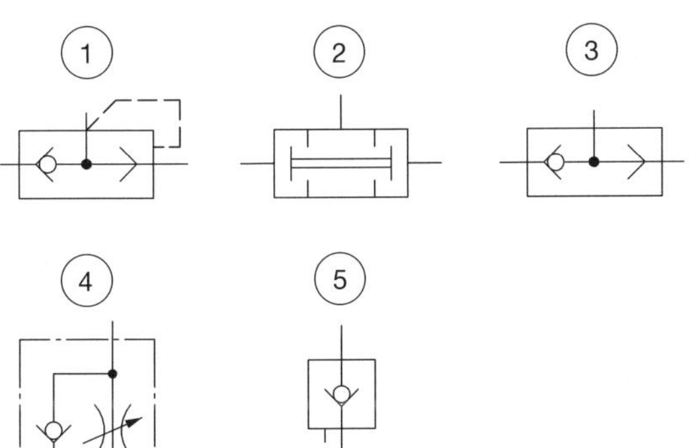

12

Mit welcher der genannten Feilen erreichen Sie die beste Oberflächengüte?

1. Gegossene Feile
2. Gehauene Feile mit Hiebnummer 1
3. Gehauene Feile mit Hiebnummer 3
4. Gefräste Feile mit Hiebnummer 0
5. Gefräste Feile mit Hiebnummer 1

13

Welche Maßnahme dient der Arbeitssicherheit beim Herstellen des Bolzens (Pos.-Nr. 8)?

1. Sicheres Spannen des Werkstücks
2. Genaues Verrechnen der Werkzeuge
3. Ausreichende Zufuhr von Kühlschmiermittel
4. Anfahren des Werkstücknullpunkts
5. Vorschub von Hand fahren

Weiter nächste Seite!

14

Bei der Fertigung des Bolzens (Pos.-Nr. 8) stellen Sie fest, dass sich an der Werkzeugschneide zunehmend Werkstoffteilchen ablagern.
Welche Gegenmaßnahme muss nach Maßnahmenplan ergriffen werden?

Verschleißform	**Gegenmaßnahmen**
Freiflächen-verschleiß	- Schnittgeschwindigkeit verringern - Verschleißfestere Schneidstoffe wählen
Kolkverschleiß	- Kühlschmierstoff einsetzen - Verschleißfesteren Schneidstoff oder beschichtete Platte wählen - Schnittgeschwindigkeit verringern - Vorschub verringern
Aufbauschneide	- Schnittgeschwindigkeit erhöhen - Keinen Kühlschmierstoff einsetzen - Vorschub erhöhen - Platte mit scharfer Schneide und positivem Spanwinkel

(1) Schnittgeschwindigkeit erhöhen, Vorschub verringern

(2) Schnittgeschwindigkeit verringern, Vorschub erhöhen

(3) Kühlschmierstoff einsetzen, Vorschub verringern

(4) Schnittgeschwindigkeit erhöhen, Vorschub erhöhen

(5) Schneidplatte mit negativem Spanwinkel wählen

15

Wodurch wird die Standzeit eines Schneidwerkzeugs erhöht?

(1) Durch möglichst große Schnittgeschwindigkeit

(2) Durch möglichst großen Vorschub

(3) Durch möglichst gute Schmierung und Kühlung

(4) Durch einen kleineren Keilwinkel

(5) Durch einen großen Spanwinkel

16

Blatt 2(5) und 5(5), Hebel (Pos.-Nr. 5)
Welche Schnittgeschwindigkeit (in m/min) ist für das Fertigstellen der Bohrung mit dem Passmaß ∅8H7 zu wählen?

	Schnittgeschwindigkeit (in m/min)		
Werkstoff	Bohren	Reiben	Senken
Al-Legierung	40 bis 50	8 bis 20	20 bis 25
Automatenstahl	20 bis 30	10 bis 15	8 bis 10
Unlegierter Baustahl	25 bis 30	4 bis 6	6 bis 14

(1) v_c = 40 m/min

(2) v_c = 35 m/min

(3) v_c = 20 m/min

(4) v_c = 12 m/min

(5) v_c = 5 m/min

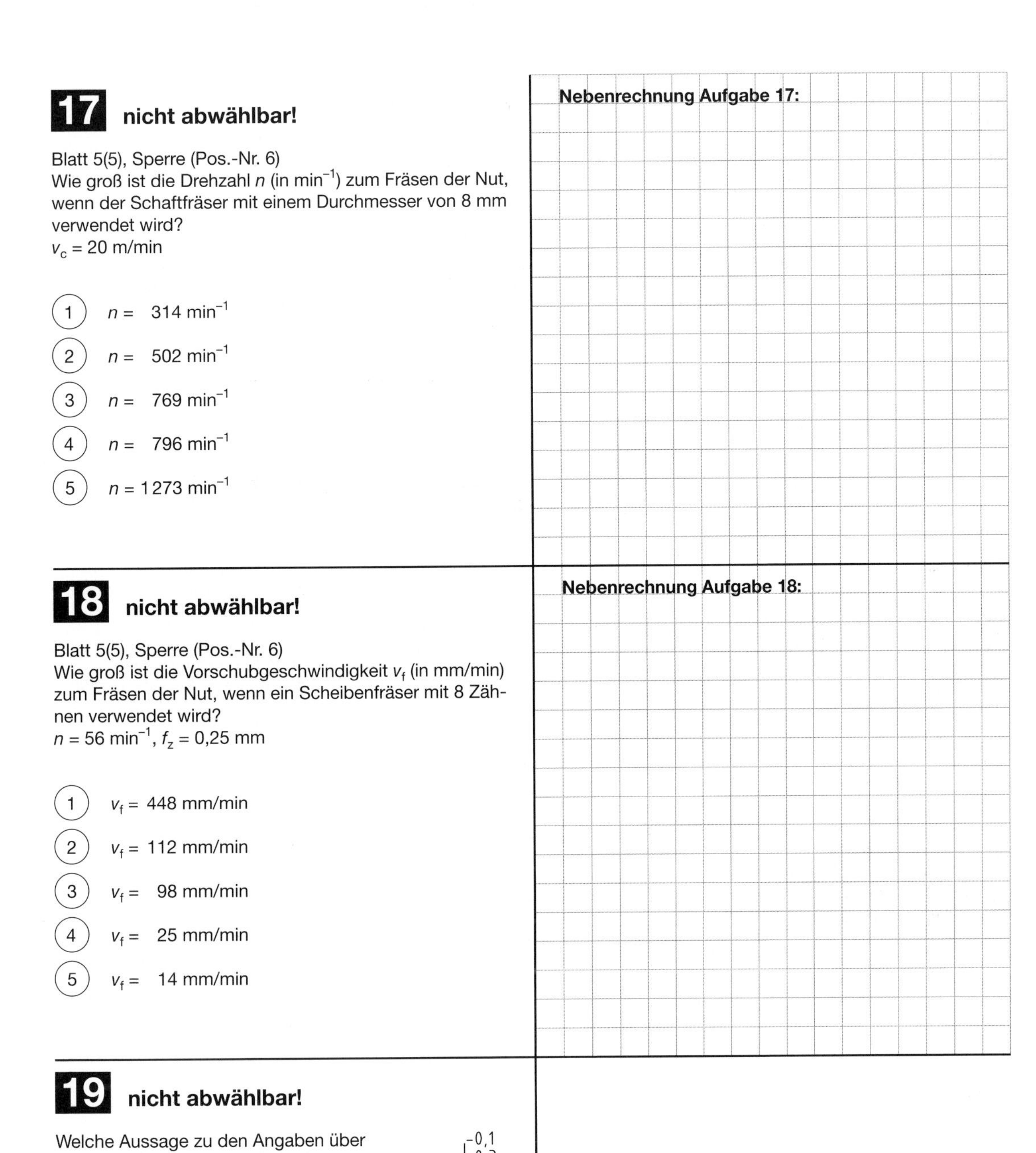

17 nicht abwählbar!

Blatt 5(5), Sperre (Pos.-Nr. 6)
Wie groß ist die Drehzahl n (in min^{-1}) zum Fräsen der Nut, wenn der Schaftfräser mit einem Durchmesser von 8 mm verwendet wird?
v_c = 20 m/min

1. n = 314 min^{-1}
2. n = 502 min^{-1}
3. n = 769 min^{-1}
4. n = 796 min^{-1}
5. n = 1273 min^{-1}

Nebenrechnung Aufgabe 17:

18 nicht abwählbar!

Blatt 5(5), Sperre (Pos.-Nr. 6)
Wie groß ist die Vorschubgeschwindigkeit v_f (in mm/min) zum Fräsen der Nut, wenn ein Scheibenfräser mit 8 Zähnen verwendet wird?
n = 56 min^{-1}, f_z = 0,25 mm

1. v_f = 448 mm/min
2. v_f = 112 mm/min
3. v_f = 98 mm/min
4. v_f = 25 mm/min
5. v_f = 14 mm/min

Nebenrechnung Aufgabe 18:

19 nicht abwählbar!

Welche Aussage zu den Angaben über die Werkstückkanten ist richtig?

-0,1
-0,3

1. Abtragung oder Übergang zugelassen
2. Grat oder Übergang zugelassen
3. Abtragung gefordert, Grat nicht zugelassen
4. Übergang zugelassen, Abtragung nicht zugelassen
5. Grat zugelassen, Abtragung gefordert

Weiter nächste Seite!

M 0716 K4 -ar-grün-030714

7

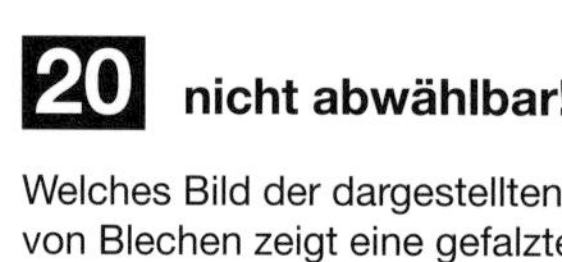

20 nicht abwählbar!

Welches Bild der dargestellten Stoßarten zum Kleben von Blechen zeigt eine gefalzte Überlappung?

① 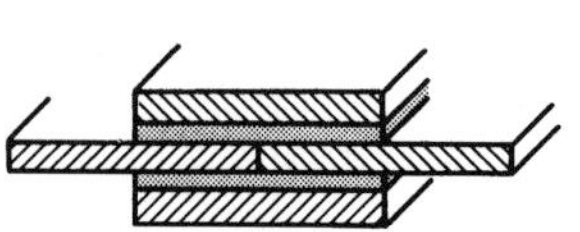

② 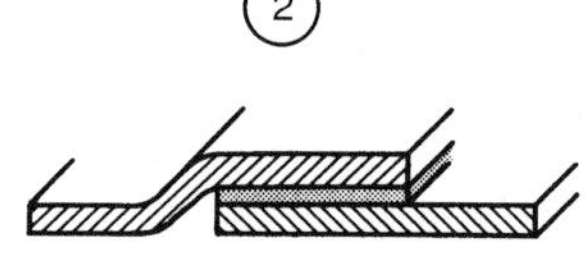

③ 

④ 

⑤ 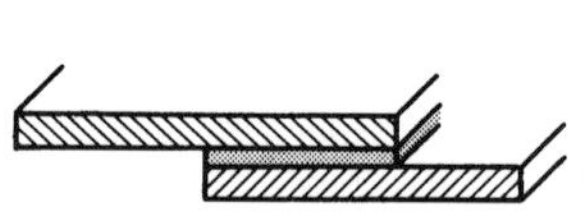

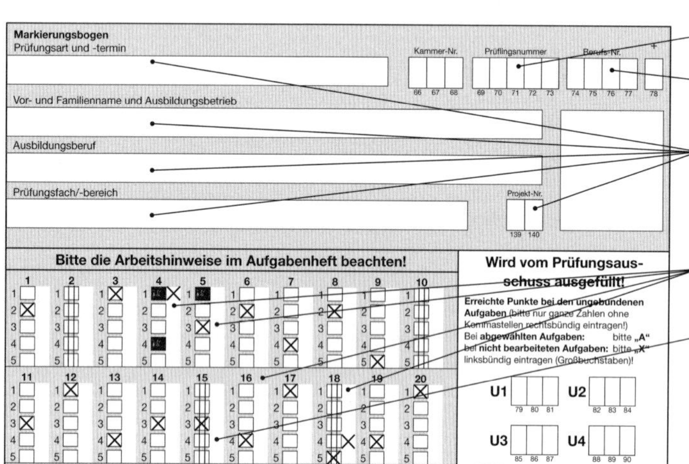

Markierungsbogen
Prüfungsart und -termin
Kammer-Nr.
Prüflingsnummer
Berufs-Nr.
Vor- und Familienname und Ausbildungsbetrieb
Ausbildungsberuf
Prüfungsfach/-bereich
Projekt-Nr.
Bitte die Arbeitshinweise im Aufgabenheft beachten!
Wird vom Prüfungsausschuss ausgefüllt!
Erreichte Punkte bei den ungebundenen Aufgaben (bitte nur ganze Zahlen ohne Kommastellen rechtsbündig eintragen!)
Bei abgewählten Aufgaben: bitte „A"
bei nicht bearbeiteten Aufgaben: bitte „X"
linksbündig eintragen (Großbuchstaben)!
U1 U2 U3 U4

Haben Sie in den Markierungsbogen:

Ihre Prüflingsnummer eingetragen?

Ihre Berufsnummer eingetragen?
(siehe Titelseite dieses Aufgabenhefts)

Diese Felder ausgefüllt bzw. eingedruckte Angaben auf Richtigkeit geprüft?

Die Lösungen der Aufgaben eindeutig eingetragen?

3 Aufgaben abgewählt?

Bei fehlenden oder uneindeutigen Angaben kann der Markierungsbogen nicht ausgewertet werden.
Spätere Reklamationen können nicht berücksichtigt werden!

IHK Musterprüfung	Vor- und Familienname:	
	Prüflingsnummer:	Datum:
Fertigungs- und Montagetechnik **Ungebundene Aufgaben U1 – U4**	**Fachkraft für Metalltechnik** Montagetechnik	

Tragen Sie in den Kopf dieses Aufgabenblatts bitte Ihren Vor- und Familiennamen, Ihre Prüflingsnummer und das heutige Datum ein. Bearbeiten Sie dann die Aufgaben. Beantworten Sie diese bitte nur mit kurzen Sätzen, wo immer möglich. Bei Aufgaben zu mathematischen Sachverhalten geben Sie bitte den vollständigen Rechengang an.
Übergeben Sie nach Ablauf der Vorgabezeit bitte sämtliche bearbeiteten Unterlagen der Prüfungsaufsicht.

Bei der Bearbeitung der Aufgaben wurde folgendes Tabellenbuch verwendet:

______

U1

Bewertung (10 bis 0 Punkte)

Nennen Sie zwei Schutzmaßnahmen zur Arbeitssicherheit beim Bohren, zusätzlich zur persönlichen Schutzausrüstung (PSA).

Aufgabenlösung:

Ergebnis U1

Punkte

U2

Blatt 5(5), Hebel (Pos.-Nr. 5)
Berechnen Sie das Anreißmaß X, bezogen auf die Nennmaßangaben.

Aufgabenlösung:

Ergebnis U2

Punkte

 M 0716 K5 -ar-grün-030714

U3

Blatt 2(5)
Nennen Sie drei Montagewerkzeuge, welche für die Montage der mechanischen Baugruppe benötigt werden.

Aufgabenlösung:

Ergebnis U3

Punkte

U4

Blatt 2(5)
Beschreiben Sie stichpunktartig den Montagevorgang der mechanischen Baugruppe in einer sinnvollen Reihenfolge unter Angabe der Benennung und Positionsnummern der Bauteile.

Aufgabenlösung:

Ergebnis U4

Punkte

Wird vom Prüfungsausschuss ausgefüllt.

Erreichte Punkte bei den ungebundenen Aufgaben

max. 40 Punkte

Die Ergebnisse **U1** bis **U4** bitte in die dafür vorgesehenen Felder des **grünen** Markierungsbogens eintragen!

Datum

Prüfungsausschuss

INDUSTRIE- UND HANDELSKAMMER

Lösungsschablone-Nr.: M 0716 L4

Abschlussprüfung: Musterprüfung

Ausbildungsberuf: Fachkraft für Metalltechnik Montagetechnik

Fertigungs- und Montagetechnik

1	2	3	4	5	6	7	8	9	10
(•)	•	•	•	•	•	•	•	•	•
•	•	•	(•)	•	•	(•)	•	•	(•)
•	•	(•)	•	•	•	•	•	•	•
•	(•)	•	•	•	(•)	•	(•)	(•)	•
•	•	•	•	(•)	•	•	•	•	•

11	12	13	14	15	16	17	18	19	20
•	•	(•)	•	•	•	•	•	•	•
•	•	•	•	•	•	•	(•)	•	(•)
(•)	(•)	•	•	(•)	•	•	•	(•)	•
•	•	•	(•)	•	•	(•)	•	•	•
•	•	•	•	•	(•)	•	•	•	•

Fertigungs- und Montagetechnik

Der Aufgabensatz enthält:

- 20 gebundene Aufgaben, 3 Abwahl, 4 nicht abwählbar, à 1 Punkt = 17 Punkte
- 4 ungebundene Aufgaben, 0 Abwahl, à 10 Punkte = 40 Punkte

Die Einzelergebnisse der ungebundenen Aufgaben sind in den grünen Markierungsbogen in die Felder U1 bis U4 zu übertragen.

Zur manuellen Ermittlung des Ergebnisses **Fertigungs- und Montagetechnik** ist in den Markierungsbogen einzutragen:

Divisor A: 0,255
Divisor B: 1,2

Dies ergibt die Gewichtung

gebundene Aufgaben: 66,67 %
ungebundene Aufgaben: 33,33 %

Hinweis:

- Vom Prüfling sind **17 von 20 Aufgaben zu bearbeiten**
- Sollten vom Prüfling **keine Aufgaben abgewählt** worden sein, sind die **letzten 3 abwählbaren Aufgaben** zu **streichen**
- Folgende **4 Aufgaben** sind **nicht abwählbar:**

17 18 19 20

- Werden vorgenannte Aufgaben vom Prüfling **abgewählt**, sind diese als **nicht gelöst** zu werten

 M 0716 L4 -ar-210514 -1-(1)

Industrie- und Handelskammer

Abschlussprüfung

Fachkraft für Metalltechnik
Montagetechnik

Berufs-Nr.			
0	7	1	6

Schriftliche Prüfung

Lösungsvorschläge für den Prüfungsausschuss

Musterprüfung

M 0716 L

PAL - Prüfungsaufgaben- und Lehrmittelentwicklungsstelle

IHK Region Stuttgart

1 Lösungsschablonen/-vorschläge für den Prüfungsausschuss

1.1 Lösungsschablone Auftrags- und Funktionsanalyse
1.2 Lösungsschablone Fertigungs- und Montagetechnik
1.3 Lösungsschablone Wirtschafts- und Sozialkunde
1.4 Heft Lösungsvorschläge mit rot
- Auftrags- und Funktionsanalyse
- Fertigungs- und Montagetechnik
(sind im vorliegenden Heft zusammengefasst)
1.5 Gegebenenfalls Blatt Lösungsvorschläge Wirtschafts- und Sozialkunde rot

Lösungsvarianten sind möglich!
Sinngemäß richtige Lösungen sind voll zu bewerten.

M 0716 L

IHK

Musterprüfung

Fertigungs- und Montagetechnik **Lösungsvorschläge**	**Fachkraft für Metalltechnik** Montagetechnik

U1

- Sicheres Spannen
- Keine Handschuhe tragen
- Gegen Verdrehen sichern
- Späne mit Besen oder Spänehaken entfernen

U2

X = 20 mm + 20 mm – 14 mm = 26 mm

U3

- Schraubendreher für Schrauben mit Schlitz
- Winkelschraubendreher für Schrauben mit Innensechskant
- Splinttreiber
- Schlosserhammer
- Kunststoffhammer

U4

Lösung wird vom Prüfungsausschuss festgelegt, da verschiedene Lösungsvarianten möglich sind.

M 0716 L5 -ar-rot-190314 5

Hinweis:

Bei den gebundenen Aufgaben in den Heften ist jeweils nur eine der fünf Auswahlantworten richtig. Deshalb darf der Prüfling im jeweiligen Markierungsbogen nur eine ankreuzen. Kreuzt er mehr als eine oder keine Auswahlantwort an, gilt die Aufgabe als nicht gelöst. Nur der ausgefüllte Markierungsbogen dient zur Ermittlung der Prüfungsleistungen.

Um ein leichtes Auswerten zu ermöglichen, werden die abgebildeten Lösungsschablonen verwendet. In der „Praxis“ werden diese am Tag der Prüfung dem Prüfungsausschuss zur Verfügung gestellt.

3 Montageauftrag (Prüfungsstück)

Der praktische Prüfungsbereich besteht aus der Fertigung von Einzelteilen und Teilbaugruppen, die zu einer Baugruppe gefügt werden. Die schriftlichen Aufgaben und die praktische Durchführung beziehen sich auf dieselbe(n) Zeichnung(en).

Für den Prüfungsbereich Montageauftrag bestehen folgende Vorgaben:

Der Prüfling soll nachweisen, dass er in der Lage ist,

- Art und Umfang von Aufträgen zu erfassen, Informationen für die Auftragsabwicklung zu beschaffen und zu nutzen,
- Fertigungsverfahren auszuwählen, Bauteile durch manuelle und maschinelle Verfahren zu fertigen, Aspekte zur Sicherheit und zum Gesundheitsschutz bei der Arbeit sowie Umweltschutzbestimmungen zu beachten,
- Baugruppen lage- und funktionsgerecht sowie unter Beachtung der Teilefolge zu montieren, auszurichten, zu befestigen und zu sichern,
- Funktionen an Baugruppen einzustellen,
- Prüfverfahren und Prüfmittel auszuwählen und anzuwenden, Einsatzfähigkeit von Prüfmitteln festzustellen, Funktionen zu prüfen und zu dokumentieren;

Der Prüfling soll ein Prüfungsstück herstellen; die Prüfungszeit beträgt sieben Stunden.

Industrie- und Handelskammer

Abschlussprüfung

Fachkraft für Metalltechnik
Montagetechnik

Berufs-Nr.
0716

Montageauftrag

Hinweise für die Kammer

Richtlinien für den Prüfungsausschuss

Musterprüfung

M 0716 H

PAL - Prüfungsaufgaben- und Lehrmittelentwicklungsstelle
IHK Region Stuttgart

1 Prüfungsaufgabensatz

Der Prüfungsaufgabensatz für den Prüfungsbereich Montageauftrag besteht aus folgenden Unterlagen:

1.1 Allgemeine Unterlagen

1.1.1	Hinweise für die Kammer/Richtlinien für den Prüfungsausschuss (sind im vorliegenden Heft zusammengefasst)		rot
1.1.2	Bereitstellungsunterlagen für den Ausbildungsbetrieb		gelb
1.1.3	Bereitstellungsunterlagen für den Prüfungsbetrieb		blau
1.1.4	Prüfungsunterlagen für den Prüfling		
	– Arbeitsblatt „Montageauftrag“		weiß
	– 1 Satz Zeichnungen		weiß
	– Arbeitsblatt „Fertigungsverfahren auswählen“	Blatt 1 von 4	weiß
	– Arbeitsblatt „Kontrolle“	Blatt 2 von 4	weiß
1.1.5	Bewertungsbogen „Prüfungsstück“	Blatt 3 von 4	rot
1.1.6	Gesamtbewertungsbogen	Blatt 4 von 4	rot
1.1.7	Stellungnahme des Prüfungsausschusses (Zugangsdaten erhalten Sie über Ihre zuständige Industrie- und Handelskammer/Handwerkskammer)		Onlineformular

Internet: www.ihk-pal.de
Kammer/Prüfungsausschuss
M 0716 H1 -ar-rot-301014

2 Hinweise zur Abschlussprüfung Fachkraft für Metalltechnik – Montagetechnik

2.1 Allgemein

Die Abschlussprüfung besteht aus den Prüfungsbereichen Montageauftrag, Auftrags- und Funktionsanalyse, Fertigungs- und Montagetechnik und Wirtschafts- und Sozialkunde.

<table>
<tr><th colspan="2">Abschlussprüfung
Gewichtung 100 %</th></tr>
<tr><th>Prüfungsbereich</th><th>Prüfungsbereich</th></tr>
<tr><td rowspan="3">Montageauftrag
Gewichtung: 60 %
Prüfungszeit: 7 h</td><td>Auftrags- und Funktionsanalyse
Gewichtung: 20 %
Prüfungszeit: 90 min

25 gebundene Aufgaben
4 zur Abwahl
6 keine Abwahl möglich:
3 Aufgaben zur Mathematik
3 Aufgaben zur Technischen Kommunikation

+ 6 ungebundene Aufgaben, nicht abwählbar
2 Aufgaben zur Mathematik
1 Aufgabe zur Technischen Kommunikation</td></tr>
<tr><td>Fertigungs- und Montagetechnik
Gewichtung: 10 %
Prüfungszeit: 60 min

20 gebundene Aufgaben
3 zur Abwahl
4 keine Abwahl möglich:
2 Aufgaben zur Mathematik
2 Aufgaben zur Technischen Kommunikation

+ 4 ungebundene Aufgaben, nicht abwählbar
1 Aufgabe zur Mathematik
1 Aufgabe zur Technischen Kommunikation</td></tr>
<tr><td>Wirtschafts- und Sozialkunde
Gewichtung: 10 %
Prüfungszeit: 60 min</td></tr>
</table>

2.2 Vorbereitungen

2.2.1 Vorbereitungen durch den Ausbildungsbetrieb

Vom Ausbildungsbetrieb sind die in den Bereitstellungsunterlagen (gelb) aufgeführten Werkzeuge, Prüf- und Hilfsmittel bereitzustellen. Es müssen die Halbzeuge, Normteile, Bauteile und Hilfsmittel sowie bei Bedarf die auf der Materialbereitstellungsliste dargestellten Werkstücke als vorgefertigte Bauteile beschafft werden. Zudem ist der Prüfling darauf hinzuweisen, dass die Arbeitskleidung den berufsgenossenschaftlichen Vorschriften entsprechen muss. Entspricht die Arbeitskleidung nicht den BGV, dann ist eine Teilnahme an der Prüfung nicht zulässig.

2.2.2 Vorbereitungen durch den Prüfungsbetrieb

Vom Prüfungsbetrieb sind die in der Standardbereitstellungsliste sowie in der variablen Bereitstellungsliste für den Prüfungsbetrieb (blau) aufgeführten Betriebs- und Arbeitsmittel bereitzustellen.

Zudem ist gegebenenfalls vor der Prüfung eine Sicherheitsunterweisung bezogen auf die örtlichen Gegebenheiten durchzuführen.

2.3 Durchführung der Abschlussprüfung

2.3.1 Montageauftrag

Der Prüfling soll in der Prüfungszeit von 7 h das Prüfungsstück herstellen. Während der Abschlussprüfung wird der Prüfungsausschuss anwesend sein.

Für die Herstellung des Prüfungsstücks sind dem Prüfling folgende Unterlagen auszuhändigen:

- Arbeitsblatt „Montageauftrag“
- 1 Satz Zeichnungen
- Arbeitsblatt „Fertigungsverfahren auswählen“ Blatt 1 von 4
- Arbeitsblatt „Kontrolle“ Blatt 2 von 4

Der Prüfling hat sich innerhalb der Prüfungszeit in die Prüfungsunterlagen einzuarbeiten und die geforderten Aufgaben gemäß Montageauftrag durchzuführen.

Ist die Funktion bzw. fehlerfreie Herstellung des Prüfungsstücks nicht gegeben und hat der Prüfling die Prüfungszeit noch nicht ausgeschöpft, so ist ihm Gelegenheit zu geben, den Fehler zu suchen und zu beheben.

Der Prüfling hat die Gesamtfunktion und/oder die Einzelfunktionen des Prüfungsstücks sowie die Maße zu prüfen und zu dokumentieren und das Arbeitsblatt „Kontrolle“ (Blatt 2 von 4) zu bearbeiten. Diese Bearbeitung kann gleichzeitig mit der Herstellung und Montage erfolgen. Die vom Prüfling festgestellten Fehler darf er in der Prüfungszeit korrigieren.

Die Bewertung des Prüfungsstücks erfolgt auf dem Bewertungsbogen „Prüfungsstück“ (Blatt 3 von 4).

Das Arbeitsblatt „Fertigungsverfahren auswählen“ (Blatt 1 von 4), das Arbeitsblatt „Kontrolle“ (Blatt 2 von 4) und der Bewertungsbogen „Prüfungsstück“ (Blatt 3 von 4) sind mit dem Gesamtbewertungsbogen (Blatt 4 von 4) zur vollständigen Dokumentation abzulegen.

Nach Ablauf der Vorgabezeit übergibt der Prüfling alle Unterlagen und das gefertigte Prüfungsstück dem Prüfungsausschuss. Dabei muss der Prüfungsausschuss sicherstellen, dass die Arbeitsblätter und das gefertigte Prüfungsstück mit einer Prüflingsnummer versehen sind.

2.3.2 Bewertung des Montageauftrags

Die Bewertung des Montageauftrags erfolgt auf dem Gesamtbewertungsbogen (Blatt 4 von 4), Seite -1-(2).

Für die Bewertung der einzelnen Prüfungsleistungen empfiehlt der PAL-Fachausschuss die folgenden Bewertungsschlüssel:

- Objektiv bewertbar: 10 oder 0 Punkte
- Subjektiv bewertbar: 10 bis 0 Punkte (10–9–8–7–6–5–4–3–2–1–0 Punkte)

Treten bei Ergebnisberechnungen Dezimalergebnisse auf, sind diese mit zwei Nachkommastellen kaufmännisch gerundet einzutragen.

Auf Basis von § 24 Musterprüfungsordnung für die Durchführung von Abschluss- und Umschulungsprüfungen des Hauptausschusses des Bundesinstituts für Berufsbildung (BiBB) vom März 2007 sind die Prüfungsleistungen wie folgt zu bewerten:

10	Eine den Anforderungen in besonderem Maße entsprechende Leistung
9	Eine den Anforderungen voll entsprechende Leistung
8 7	Eine den Anforderungen im Allgemeinen entsprechende Leistung
6 5	Eine Leistung, die zwar Mängel aufweist, aber den Anforderungen noch entspricht
4 3	Eine Leistung, die den Anforderungen nicht entspricht, jedoch erkennen lässt, dass Grundkenntnisse vorhanden sind
2 1 0	Eine Leistung, die den Anforderungen nicht entspricht und bei der selbst Grundkenntnisse fehlen **oder** keine Prüfungsleistung erbracht

3.2 Bereitstellungsunterlagen für den Ausbildungsbetrieb

Vom Ausbildungsbetrieb sind die in den Bereitstellungsunterlagen aufgeführten Werkzeuge, Prüf- und Hilfsmittel bereitzustellen. Es müssen die Halbzeuge, Normteile und Hilfsmittel sowie bei Bedarf auch die auf der Materialbereitstellungsliste dargestellten Skizzen als vorgefertigte Bauteile beschafft werden.

Anstelle der aufgeführten Positionen können alternativ auch vergleichbare betriebsübliche Werkzeuge, Prüf- und Hilfsmittel mit für die Anwendung ausreichenden Eigenschaften verwendet werden.

Zudem ist darauf hinzuweisen, dass die Arbeitskleidung/die persönliche Schutzausrüstung den Berufsgenossenschaftlichen Vorschriften (BGV) entsprechen muss und der Prüfling die Vorschriften zur Arbeitssicherheit einhält.

Die Standard- und die variable Bereitstellungsliste für den Ausbildungsbetrieb sind ein Pool an Werkzeugen, Prüf- und Hilfsmitteln, welcher zu jeder Prüfung mitgebracht werden soll. Dieser stellt eine Art „Grundausstattung“ dar. Zum anderen behält es sich der Fachausschuss vor, zusätzlich Werkzeuge,Prüf- und Hilfsmittel aufzuführen, die nur für die jeweilige Abschlussprüfung benötigt werden.

Industrie- und Handelskammer

Abschlussprüfung

Fachkraft für Metalltechnik
Montagetechnik

Berufs-Nr.
0716

Montageauftrag

Bereitstellungsunterlagen für den Ausbildungsbetrieb

Musterprüfung

M 0716 B

PAL - Prüfungsaufgaben- und Lehrmittelentwicklungsstelle
IHK Region Stuttgart

1 Hinweise zur Abschlussprüfung Fachkraft für Metalltechnik – Montagetechnik

1.1 Allgemein

Die Abschlussprüfung besteht aus den Prüfungsbereichen Montageauftrag, Auftrags- und Funktionsanalyse, Fertigungs- und Montagetechnik und Wirtschafts- und Sozialkunde.

Abschlussprüfung **Gewichtung 100 %**	
Prüfungsbereich	**Prüfungsbereich**
Montageauftrag Gewichtung: 60 % Prüfungszeit: 7 h	**Auftrags- und Funktionsanalyse** Gewichtung: 20 % Prüfungszeit: 90 min 25 gebundene Aufgaben 4 zur Abwahl 6 keine Abwahl möglich: 3 Aufgaben zur Mathematik 3 Aufgaben zur Technischen Kommunikation + 6 ungebundene Aufgaben, nicht abwählbar 2 Aufgaben zur Mathematik 1 Aufgabe zur Technischen Kommunikation
	Fertigungs- und Montagetechnik Gewichtung: 10 % Prüfungszeit: 60 min 20 gebundene Aufgaben 3 zur Abwahl 4 keine Abwahl möglich: 2 Aufgaben zur Mathematik 2 Aufgaben zur Technischen Kommunikation + 4 ungebundene Aufgaben, nicht abwählbar 1 Aufgabe zur Mathematik 1 Aufgabe zur Technischen Kommunikation
	Wirtschafts- und Sozialkunde Gewichtung: 10 % Prüfungszeit: 60 min

Internet: www.ihk-pal.de
M 0716 B1 -ar-gelb-120314

IHK

Musterprüfung

Standardbereitstellungsliste für den Ausbildungsbetrieb	**Fachkraft für Metalltechnik** Montagetechnik

Bei der Liste handelt es sich um eine Materialpoolliste. Der Prüfling hat anhand der Liste die Prüfmittel, Werkzeuge und Hilfsmittel auszuwählen, die er für die Bearbeitung der Werkstücke benötigt.

I Prüfmittel, die für jeden Prüfling bereitgestellt werden müssen:

1.	1 Messschieber	mind. 135 mm	DIN 862
2.	1 Bügelmessschraube	0–25 mm	
3.	1 Anschlagwinkel	100 × 70 mm	
4.	1 Haarwinkel	75 × 50 mm	
5.	1 Stahlmaßstab	300 mm	
6.	1 Metall-Bandmaß		

II Werkzeuge, die für jeden Prüfling bereitgestellt werden müssen:

1.	1 Reißnadel		
2.	1 Körner		
3.	1 Schlosserhammer	300 g	DIN 1041
4.	1 Gummi- oder Kunststoffhammer		
5.	1 Spitzzirkel	150 mm Schenkellänge	
6.	1 Handbügelsäge für Metall	300 mm	DIN 6473
7.	1 Flachstumpffeile	150-1 150-3 250-1 250-3	DIN 7261
8.	1 Dreikantfeile	150-1 150-3	DIN 7261
9.	1 Rundfeile	150-1 150-3	DIN 7261
10.	1 Vierkantfeile	150-1 150-3	DIN 7261
11.	1 Halbrundfeile	150-1 150-3	DIN 7261
12.	1 Feilenbürste		
13.	1 Dreikantschaber oder Handentgrater		
14.	1 Satz Splinttreiber	3, 4, 5, 6, 8	DIN 6450
15.	1 Satz Winkelschraubendreher für Schrauben mit Innensechskant	SW 2 bis 10 mm	ISO 2936
16.	1 Schraubendreher für Schrauben mit Schlitz	A1 × 6,5 A1,2 × 8,0	DIN 5265
17.	1 Schraubendreher, passend zu den Schrauben der Relaissockel und der Reihenklemmleiste		
18.	2 Parallel-Schraubzwinge	100 mm Spannweite (oder Vergleichbares)	

III Hilfsmittel, die für jeden Prüfling bereitgestellt werden müssen:

1. 1 Kreide
2. 1 Putztuch
3. 1 Handfeger
4. 1 Feilenreiniger (CuZn-Blech)
5. 1 Schutzbrille
6. 1 Haarschutz (bei nicht unfallsicherem Haarschnitt)
7. 1 Tabellenbuch (vom Prüfling bereitzustellen)
8. 1 Nicht programmierter, netzunabhängiger Taschenrechner ohne Kommunikationsmöglichkeit mit Dritten (vom Prüfling bereitzustellen)
9. Schreibzeug (vom Prüfling bereitzustellen)

M 0716 B1 -ar-gelb-030914 3

IV Prüfmittel, die für 1 bis 5 Prüflinge bereitgestellt werden müssen:

1.	1 Tiefenmessschieber	mind. 135 mm	DIN 862
2.	1 Messschieber	250 mm	DIN 862
3.	1 Satz Radienlehren	1–7 7,5–15 (konkav und konvex)	
4.	1 Universalwinkelmesser		

V Werkzeuge und Hilfsmittel, die für 1 bis 5 Prüflinge bereitgestellt werden müssen:

1.	1 Satz Schlagstempel (arabische Ziffern)	3 mm	
2.	1 Trennstemmer (Stegmeißel)	10 × 2	
3.	1 Zentrierbohrer	A1,6	DIN 333
4.	1 Abziehstein		

Anstelle der aufgeführten Positionen können alternativ auch vergleichbare betriebsübliche Werkzeuge, Prüf- und Hilfsmittel verwendet werden.

Der Prüfling ist vom Ausbildenden darüber zu unterrichten, dass seine Arbeitskleidung den Berufsgenossenschaftlichen Vorschriften (BGV) entsprechen muss. Entspricht die Arbeitskleidung nicht den Unfallverhütungsvorschriften nach BGV, dann ist die Teilnahme an der Prüfung nicht zulässig.

IHK

Musterprüfung

Variable Bereitstellungsliste für den Ausbildungsbetrieb	**Fachkraft für Metalltechnik** Montagetechnik

Nur die angekreuzten Werkzeuge, Prüf- und Hilfsmittel werden für die oben genannte Prüfung zusätzlich benötigt!

I Werkzeuge, Prüf- und Hilfsmittel, die für jeden Prüfling bereitgestellt werden müssen:

⊗	1. 1 Maulschlüssel SW	~~7~~ 8 ~~10~~ ~~13~~ ~~16/17~~ ~~18/19~~	
○	2. 1 Dreikantfeile	250-1 250-3	DIN 7261
○	3. 1 Vierkantfeile	250-1 250-3	DIN 7261

II Werkzeuge, Prüf- und Hilfsmittel, die für 1 bis 3 Prüflinge bereitgestellt werden müssen:

⊗	1. 1 Spiralbohrer	∅ ~~3,0~~ ~~3,3~~ ~~3,8~~ ~~4,0~~ ~~4,1~~ 4,2 ~~4,5~~ 4,8 5,0 ~~5,1~~ ∅ 5,5 ~~5,8~~ ~~6,1~~ ~~6,5~~ ~~6,6~~ ~~6,8~~ ~~7,0~~ ~~7,1~~ 7,8 ~~8,0~~ ~~9,8~~ ∅ ~~10,0~~ ~~11~~ ~~13,75~~	
⊗	2. 1 Flachsenker	~~8 × 4,5~~ 10 × 5,5 ~~11 × 6,6~~ ~~15 × 9~~	DIN 373
⊗	3. 1 Kegelsenker 90°	1–5 5–10 ~~10–20,5~~	
⊗	4. 1 Maschinenreibahle H7	5 ~~6~~ 8 ~~10~~ ~~12~~ ~~16~~	DIN 212
⊗	5. 1 Grenzlehrdorn H7	5 ~~6~~ 8 ~~10~~ ~~12~~ ~~16~~	
○	6. 1 Schlosserhammer	500 g	
○	7. 1 Nietwerkzeug, komplett	∅ 4,0	
⊗	8. 1 Satz Gewindebohrer mit Windeisen wahlweise Maschinengewindebohrer	~~M4~~ M5 M6 ~~M8~~	
⊗	9. 1 Schneideisen mit Schneideisenhalter	~~M4~~ ~~M5~~ M6 ~~M8~~ (für Drehmaschine geeignet)	
⊗	10. 1 Bohrer für Blech, $t = 1$ mm	∅ 5,5	

Anstelle der aufgeführten Positionen können alternativ auch vergleichbare betriebsübliche Werkzeuge, Prüf- und Hilfsmittel verwendet werden.

M 0716 B1 -ar-gelb-030914 5

IHK

Musterprüfung

Materialbereitstellungsliste

Fachkraft für Metalltechnik
Montagetechnik

Allgemein

Die Halbzeuge müssen den angegebenen **Normen**[1)] entsprechen.
Bei der Vorbereitung sind die nebenstehenden Allgemeintoleranzen zu beachten. Nicht unterstrichene Maße sind Fertigmaße (Oberfläche $\sqrt{Rz\ 16}$). Unterstrichene Maße sind Rohmaße, die noch verändert werden. Für die Oberflächen der mit Stern * gekennzeichneten Maße gilt $\forall$.
Bei zeichnerischen Darstellungen gilt die Projektionsmethode 1 (⊏⊐ ◎).

Allgemeintoleranzen nach ISO 2768

Toleranzklasse	von 0,5 bis 3	über 3 bis 6	über 6 bis 30	über 30 bis 120	über 120 bis 400
mittel	±0,1	±0,1	±0,2	±0,3	±0,5

I Halbzeuge, die für jeden Prüfling bereitgestellt werden müssen:

1.	1 Flachstahl	80* × 10* × 120	EN 10278	S235JRC+C	
2.	1 Flachstahl	80* × 10* × 160	EN 10278	S235JRC+C	vorgefertigt nach Skizze 1
3.	1 Flachstahl	25* × 15* × 62	EN 10278	S235JRC+C	vorgefertigt nach Skizze 2
4.	1 Flachstahl	50* × 15* × 62	EN 10278	S235JRC+C	vorgefertigt nach Skizze 3
5.	1 Flachstahl	20* × 10* × 130	EN 10278	S235JRC+C	
6.	1 Flachstahl	25* × 10* × <u>91</u>	EN 10278	S235JRC+C	
7.	1 Blech	1,0* × 45 × <u>50</u>	EN 10131	DC01-A	vorgefertigt nach Skizze 4
8.	1 Rundstahl	20* × <u>42</u>	EN 10278	11SMn30+C	

1) **EN 10278 zulässige Breiten- und Dicken-Abweichungen für Flachstähle nach ISO-Toleranzfeld h11;**
EN 10278 zulässige Breiten- und Dicken-Abweichungen für Vierkantstähle nach ISO-Toleranzfeld h11;
EN 10278 zulässige Nenndurchmesser-Abweichungen für Rundstähle nach ISO-Toleranzfeld h11

II Normteile, die für jeden Prüfling bereitgestellt werden müssen:

1.	2 Scheibe	5	ISO 7090	200 HV	
2.	2 Zylinderschraube	M5 × 8	ISO 4762	8.8	
3.	6 Zylinderschraube	M5 × 16	ISO 4762	8.8	
4.	1 Flachkopfschraube	M6 × 10	DIN 923	5.8	siehe Skizze 5
5.	4 Zylinderstift	5 × 24 – A	ISO 8734	St	
6.	4 Stellring	A10	DIN 705	St	siehe Skizze 6

III Hilfsmittel, die für 1 bis 5 Prüflinge bereitgestellt werden müssen:

1.	1 Flachstahl	40* × 12* × 60	EN 10278	S235JRC+C	siehe Skizze 7

6 M 0716 B1 -ar-gelb-030714

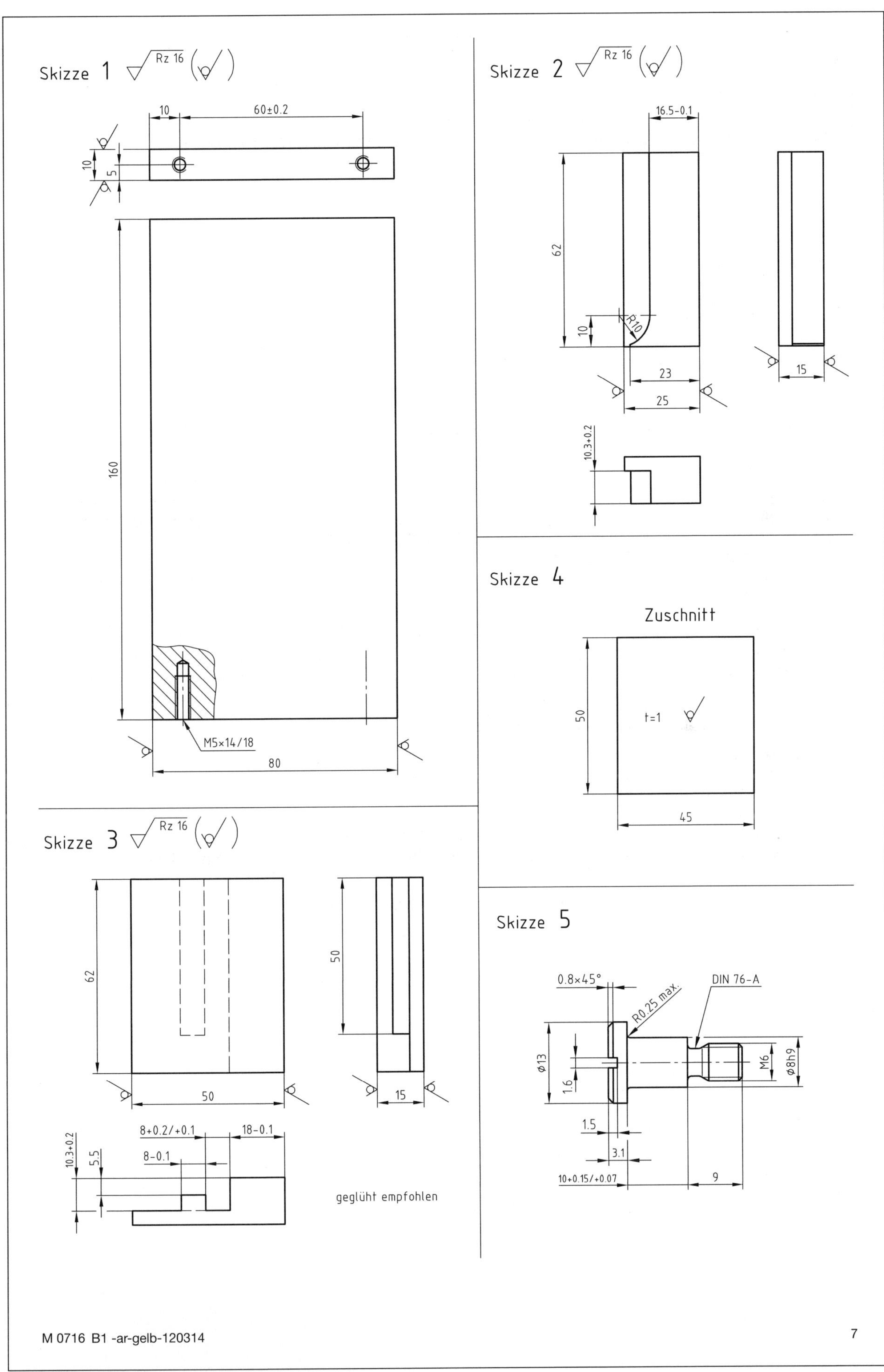

M 0716 B1 -ar-gelb-120314

7

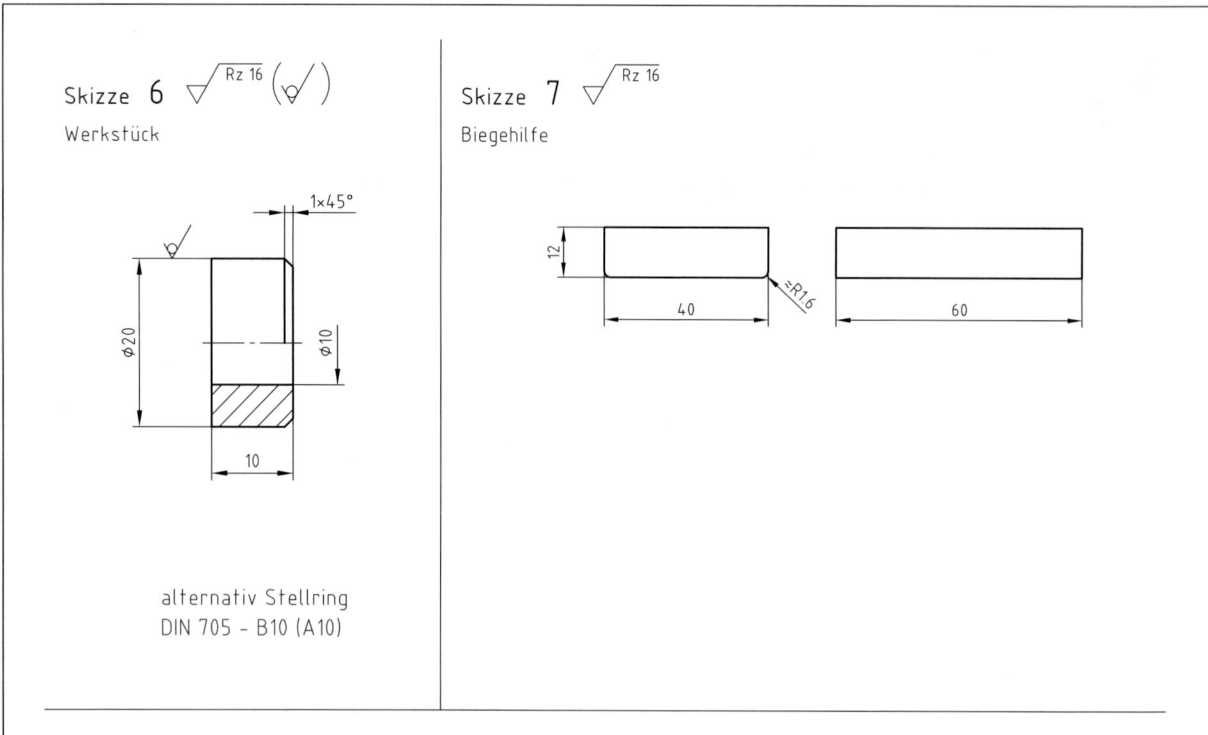

8

M 0716 B1 -ar-gelb-101213

IHK

Musterprüfung

Materialbereitstellungsliste zur Montage von Baugruppen und Bauteilen	**Fachkraft für Metalltechnik** Montagetechnik

I Bauteile und Hilfsmittel, die für jeden Prüfling bereitgestellt werden müssen:

Lfd. Nr.	An-zahl	Bauteilbenennung	Technische Angaben/ Bemerkungen	Pos.-Nr. und Bez. im Aufbau-plan
1	1	Montageplatte	Lochblech, Schraubtechnik (z. B. bis M5 geeignet), Montagefläche ca. 550 × 700 mm	1
2	4	Distanzbolzen	∅ 18 × 120 mm, nach Skizze, mit Zylinderschraube M5 × 16 und Scheibe 5	2
3	1	Kennzeichnungsschild	Ca. 60 × 30 mm, für die Prüflingsnummer	3
4	1	Montagewinkel für elektrische Signalgeber	Nach Skizze, andere Lösung zur Montage der Signalglieder ist zulässig	
5	2	Elektrischer Taster	Für Fronttafeleinbau, passend zum Montagewinkel; Kontaktanordnung: 1 Wechsler oder 1 Schließer und 1 Öffner	
6	0	Leuchtmelder	Lampe 24 V, für Fronttafeleinbau, passend zum Montagewinkel	
7	1	Stellschalter	Für Fronttafeleinbau, passend zum Montagewinkel; Kontaktanordnung: 1 Wechsler oder 1 Schließer und 1 Öffner	
8	3	Relais	Spule 24 V Gleichspannung, Kontaktanordnung: mindestens 3 Wechsler oder 3 Schließer und 3 Öffner mit Sockel und Schraubklemmanschlüssen, für Montage auf Hutschiene	
9	0	Relais, ansprechverzögert bis ca. 30 s	Spule 24 V Gleichspannung, Kontaktanordnung: mindestens 1 Wechsler oder 1 Schließer und 1 Öffner mit Schraubklemmanschlüssen, für Montage auf Hutschiene	
10	1	Reihenklemmleiste	Komplett bestückt mit 35 Reihenklemmen, max. 2,5 mm^2, mit Hutschiene ca. 250 mm lang	
11	1	Hutschiene	Passend zum Relaissockel, ca. 250 mm lang	
12	1	Kabelkanal	Maximal 30 mm breit, geschlitzt, ca. 265 mm lang	
13	1	Befestigungsmaterialsatz	Passend zu den Bauteilen, zur Befestigung auf der Montage-platte, z. B. Rändelmuttern, Muttern, Scheiben, Schrauben, Ausgleichsstücke bzw. Exzenterbolzen	
14	1	Montagewerkzeuge und Hilfsmittel	Passend zum Befestigungsmaterialsatz, sofern zusätzlich zur Standardbereitstellung benötigt	

Ergänzender Hinweis:

Die Bauteile lfd. Nrn. 4 bis 12 entsprechen dem PAL-Standardbauteilesatz (Schraubtechnik) der elektropneumatischen Steuerung.

Lfd. Nr.	An-zahl	Bauteilbenennung	Technische Angaben/ Bemerkungen	Pos.-Nr. und Bez. im Aufbau-plan
15	0	Doppeltwirkender Zylinder	Kolbendurchmesser: 25 mm, Hub: 100 mm, mit beidseitiger einstellb. Endlagendämpfung und Permanentmagnet, 2 Stück Muttern am Kolbenstangen-gewinde	
16	0	5/2-Wegeventil	Beidseitig betätigt durch Druckbeaufschlagung	
17	0	5/2-Wegeventil	Einseitig betätigt durch Druckbeaufschlagung mit Federrückstellung	
18	0	3/2-Wegeventil	Betätigt durch Permanentmagnet des Zylinders mit Feder-rückstellung, in Ruhestellung Druckanschluss gesperrt	
19	0	3/2-Wegeventil	Betätigt durch Rolle mit Federrückstellung, wahlweise in Ruhestellung Druckanschluss gesperrt oder offen	
20	0	3/2-Wegeventil	Betätigt durch Hebel oder Drehknopf mit Raste, in Ruhe-stellung Druckanschluss gesperrt	
21	0	3/2-Wegeventil	Betätigt durch Druckknopf, mit Federrückstellung, in Ruhe-stellung Druckanschluss gesperrt	
22	0	Zeitglied	0 bis ca. 10 s, in Ruhestellung Druckanschluss gesperrt	
23	0	Drosselrückschlagventil	Einstellbar, mit Einschraubgewinde empfohlen, passend zum bereitgestellten Zylinder	
24	0	Wechselventil		
25	0	Zweidruckventil		
26	0	Verteilerblock	Mit Handschiebeventil, mindestens 6 Anschlüsse, passend zum bereitgestellten Kunststoffschlauch, Abgang für bereitgestellten Kunststoffschlauch	

Ergänzender Hinweis:

Die Bauteile lfd. Nrn. 15 bis 26 entsprechen dem PAL-Standardbauteilesatz (Schraubtechnik) der pneumatischen Steuerung.

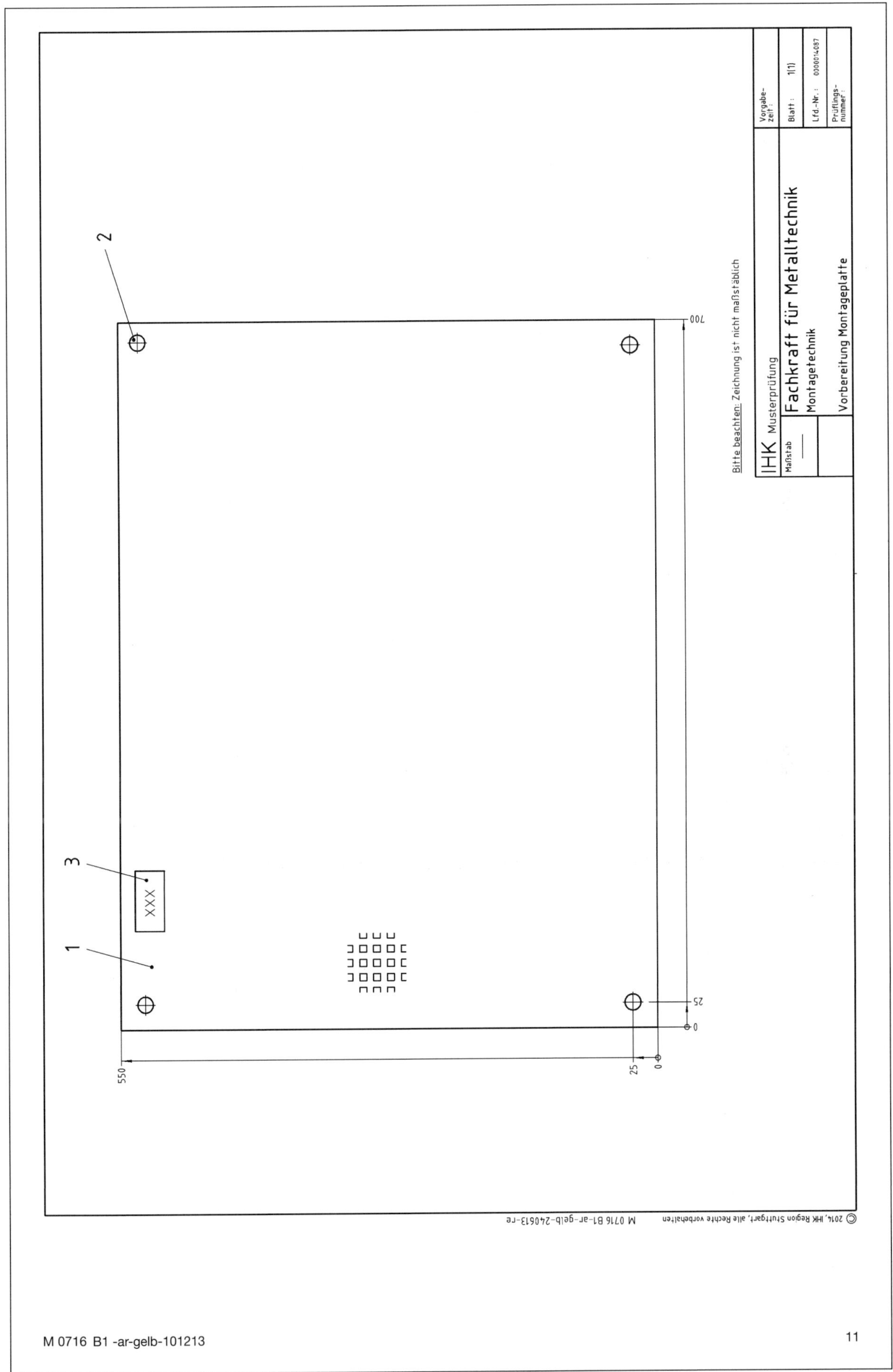
1
2
3
XXX
700
25
0
550
25
0
Bitte beachten: Zeichnung ist nicht maßstäblich
IHK Musterprüfung
Maßstab
—
Fachkraft für Metalltechnik
Montagetechnik
Vorbereitung Montageplatte
Vorgabe-zeit:
Blatt: 1(1)
Lfd.-Nr.: 0000014087
Prüflings-nummer:
© 2014, IHK Region Stuttgart, alle Rechte vorbehalten
M 0716 B1-ar-gelb-240613-re
M 0716 B1 -ar-gelb-101213
11

Distanzbolzen

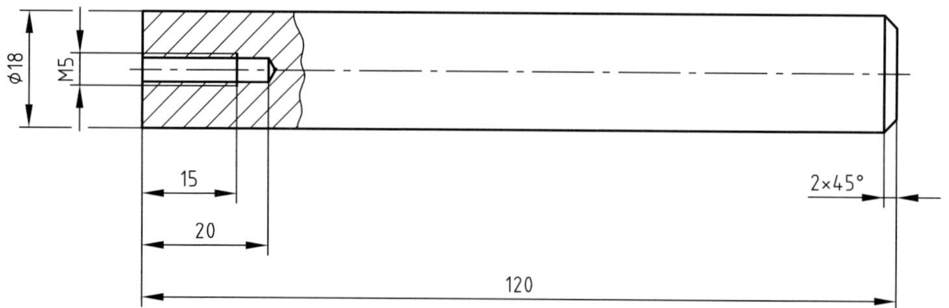

Montagewinkel für elektrische Signalgeber

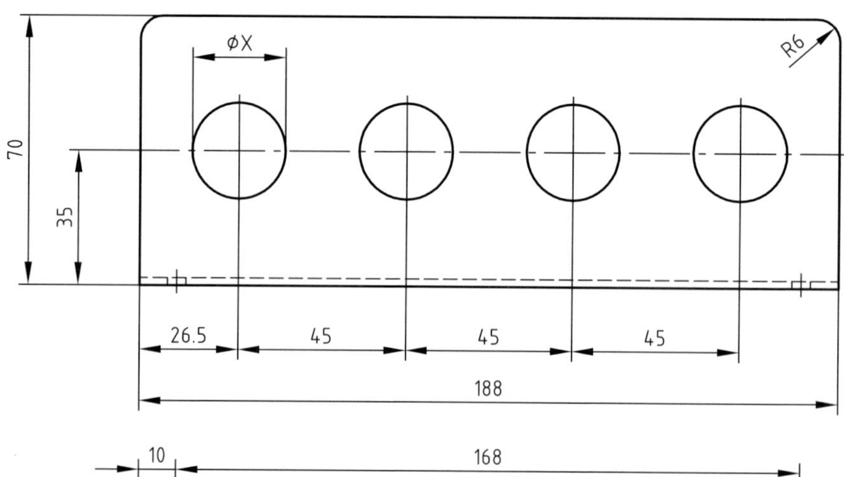

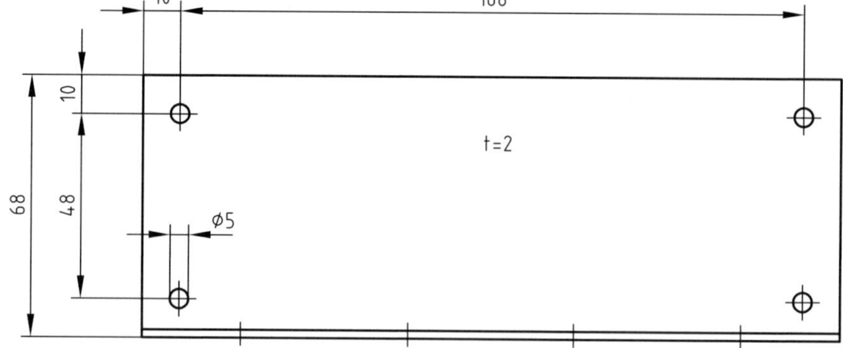

12

M 0716 B1 -ar-gelb-101213

3.3 Bereitstellungslisten für den Prüfungsbetrieb

Vom Prüfungsbetrieb sind die in den Bereitstellungslisten aufgeführten Positionen bereitzustellen. Sie sind ein Pool an Betriebs- und Arbeitsmitteln, welcher vom Prüfbetrieb bereitgestellt werden soll.

Der Prüfling kann dadurch selbstständig festlegen und auswählen, wie und womit er die herzustellenden Einzelteile fertigt.

Anstelle der aufgeführten Positionen können alternativ auch vergleichbare betriebsübliche Betriebs- und Arbeitsmittel mit für die Anwendung ausreichenden Eigenschaften bereitgestellt werden.

Vor der Prüfung ist eine Begehung der örtlichen Gegebenheiten und eine Sicherheitsunterweisung an den zu benutzenden Maschinen durchzuführen.

IHK Musterprüfung	
Standardbereitstellungsliste für den Prüfungsbetrieb	**Fachkraft für Metalltechnik** Montagetechnik

Die aufgeführten Betriebs- und Arbeitsmittel werden für die oben genannte Prüfung benötigt!

I Betriebs- und Arbeitsmittel, die für jeden Prüfling vorhanden sein müssen:

1. 1 Arbeitsplatz mit Parallelschraubstock (100 bis 150 mm Backenbreite mit Schutzbacken oder geschliffenen Backen)

II Betriebs- und Arbeitsmittel, die für 1 bis 5 Prüflinge vorhanden sein müssen:

1. 1 Anreißplatz mit allgemeinem Zubehör
1.1 1 Höhenreißer 200 mm (Noniusteilung mindestens 0,1 mm)
2. 2 Tisch- oder Säulenbohrmaschine für Bohrungen von 1 bis 16 mm, zum Reiben geeignet Zubehör
2.1 Bohrfutter 1 bis 13 mm und Reduzierhülsen bei Bedarf
2.2 Maschinenschraubstock mit Parallelunterlagen
3. 1 Leit- und Zugspindeldrehmaschine oder Mechanikerdrehmaschine mit allgemeinem Zubehör
3.1 1 Dreibackenfutter
3.2 1 Mitlaufende Zentrierspitze
3.3 1 Bohrfutter 1 bis 13 mm und Reduzierhülsen
3.4 Betriebsübliche Drehmeißel zum Längs-/Plan- und Fasendrehen, passend zur bereitgestellten Drehmaschine
4. 1 Fräsmaschine zum Senkrechtfräsen mit allgemeinem Zubehör und Maschinenschraubstock
4.1 1 Satz Unterlagen für verschiedene Spanntiefen, Abstufung jeweils ca. 2 mm
5. 1 Schleifbock (für 1 bis 20 Prüflinge)
6. Kühlschmierstoff, Reinigungsmittel

Anstelle der aufgeführten Positionen können alternativ auch vergleichbare betriebsübliche Betriebs- und Arbeitsmittel verwendet werden.

 M 0716 C1 -ar-blau-101213 -1-(2)

IHK

Musterprüfung

Variable Bereitstellungsliste für den Prüfungsbetrieb	**Fachkraft für Metalltechnik** Montagetechnik

I Betriebs- und Arbeitsmittel, die für 1 bis 5 Prüflinge vorhanden sein müssen:

	1.		Drehwerkzeuge		
○	1.1	1	Stechdrehmeißel R	für Einstich breit mm, tief mm	DIN 4961
⊗	1.2	1	Formdrehmeißel für Gewindefreistich	~~M5~~ M6 ~~M8~~ ~~M10~~ ~~Form A~~ Form B	DIN 76
○	1.3	1	Innen-Eckdrehmeißel	für Innendurchmesser bis 30 mm geeignet	DIN 4954
	2.		Fräswerkzeuge		
⊗	2.2	1	Schaftfräser	~~A5N~~ ~~A6N~~ A8N ~~A10N~~ ~~A12N~~ ~~A16N bis A20N~~	DIN 844
○	2.3	1	Walzenstirnfräser	50NF oder 63NF	DIN 1880
○	2.4	1	Langlochfräser	A5 A6 A8	

II Betriebs- und Arbeitsmittel, die für ca. 1 bis 5 Prüflinge verwendet werden können:

⊗	1.	1	Fräsmaschine zum Waagerechtfräsen mit allgemeinem Zubehör und Maschinenschraubstock		
⊗	1.1	1	Satz Unterlagen für verschiedene Spanntiefen, Abstufung jeweils ca. 2 mm		
⊗	1.2	1	Scheibenfräser	~~A80 × 6N~~ A100 × 8N ~~A100 × 10N~~ ~~A125 × 16N~~	DIN 885

III Betriebs- und Arbeitsmittel, die für ca. 1 bis 20 Prüflinge verwendet werden können:

	1.		Biegewerkzeuge
⊗	1.1	1	Betriebsübliche Biegevorrichtung für Blech *t* = ca. 1,5 mm, sofern am Prüfungsort vorhanden, alternativ bzw. ergänzend zur bereitgestellten Biegehilfe des Prüflings
	2.		Scherwerkzeuge
⊗	2.1	1	Betriebsübliche Hebelschere für Blech *t* = ca. 1,5 mm, sofern am Prüfungsort vorhanden
	3.		Sägen
⊗	3.1	1	Betriebsübliche Bandsäge, sofern am Prüfungsort vorhanden

Anstelle der aufgeführten Positionen können alternativ auch vergleichbare betriebsübliche Betriebs- und Arbeitsmittel verwendet werden.

-2-(2) M 0716 C1 -ar-blau-101213

3.4 Montageauftrag

Der Prüfling hat in einer Prüfungszeit von sieben Stunden einen Montageauftrag zu bearbeiten. Dies sind Einzelteile, die sich zu einer Baugruppe fügen und auf einer Montageplatte montieren lassen. Es gibt für alle Fachrichtungen separate Aufträge (Prüfungsstücke).

Der Montageauftrag ist in die Arbeitsphasen „Planung", „Durchführung" und „Kontrolle" gegliedert.

Für die Bearbeitung des Montageauftrags werden dem Prüfling folgende Unterlagen ausgehändigt:

- Arbeitsblatt „Montageauftrag"
- Zeichnung(en)
- Arbeitsblatt „Fertigungsverfahren auswählen" (Blatt 1 von 4)
- Arbeitsblatt „Kontrolle" (Blatt 2 von 4)

Nach der Fertigstellung des Montageauftrags beziehungsweise am Ende der Prüfungszeit übergibt der Prüfling die Unterlagen und die gefertigten Einzelteile bzw. die Baugruppe dem Prüfungsausschuss.

IHK Musterprüfung	
Montageauftrag	**Fachkraft für Metalltechnik** Montagetechnik

1 **Allgemein**

Im Prüfungsbereich Montageauftrag müssen Sie ein Prüfungsstück herstellen.

Tragen Sie an vorgesehener Stelle in den Kopf der Prüfungsunterlagen Ihren Vor- und Familiennamen und Ihre Prüflingsnummer ein.

2 **Prüfungszeit: 7,0 h**

3 **Prüfungsunterlagen, welche Sie zusätzlich zu diesem Blatt erhalten:**

- Zeichnungen
- Arbeitsblatt „Fertigungsverfahren auswählen" Blatt 1 von 4
- Arbeitsblatt „Kontrolle" Blatt 2 von 4

4 **Arbeitsanweisung:**

Bearbeiten Sie zu Beginn der Prüfungszeit das Arbeitsblatt „Fertigungsverfahren auswählen" und übergeben Sie es danach der Prüfungsaufsicht.

Beginnen Sie anschließend mit dem Herstellen des Prüfungsstücks.
Bearbeiten Sie während der Herstellung und Montage das Arbeitsblatt „Kontrolle".

Bei der Ausführung des Montageauftrags müssen Sie die Arbeitssicherheit und den Gesundheits- und Umweltschutz beachten.

 M 0716 P1 -ar-weiß-101213 -1-(1)

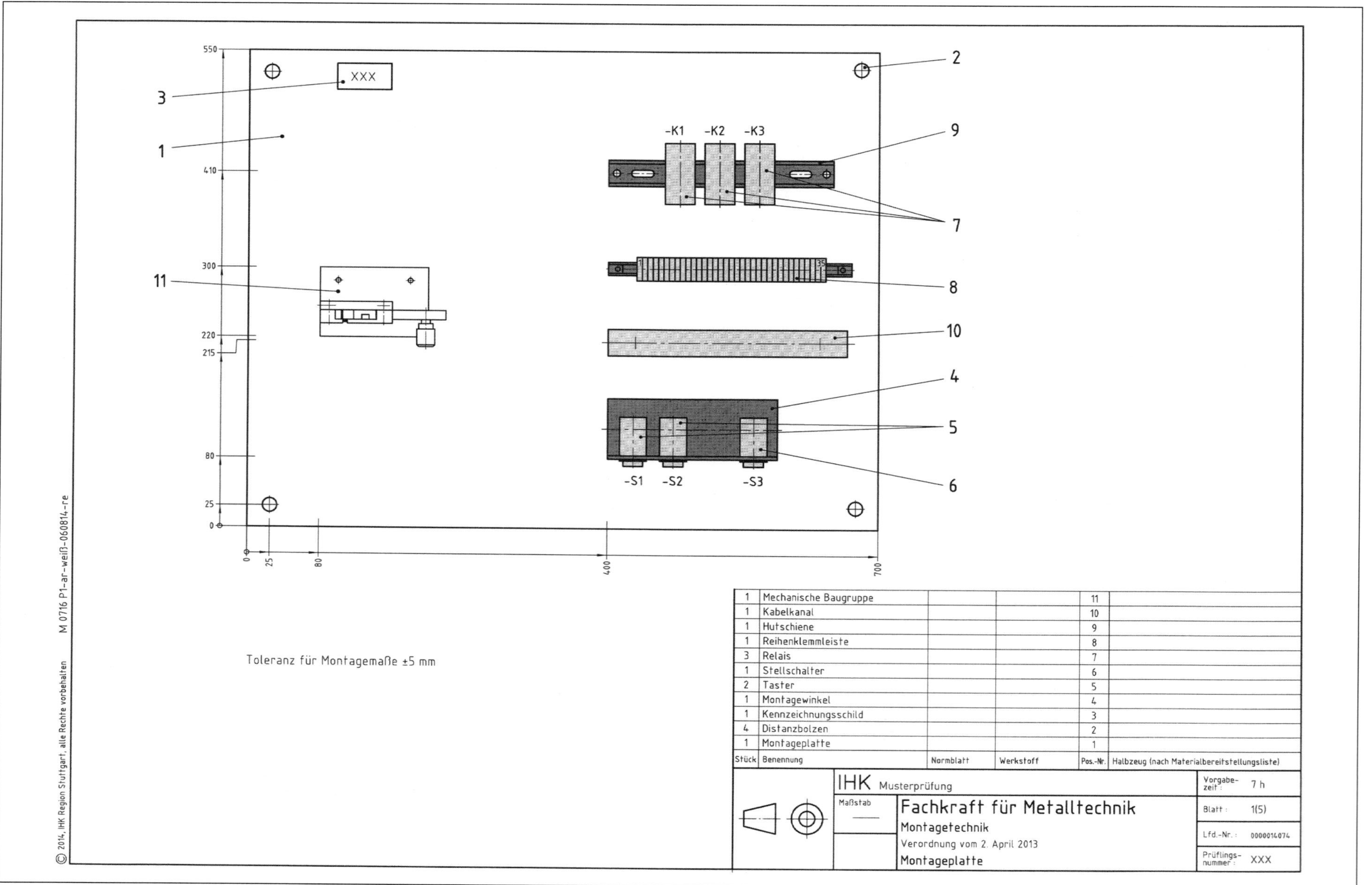
XXX
-K1 -K2 -K3
-S1 -S2 -S3
1
2
3
4
5
6
7
8
9
10
11
550
410
300
220
215
80
25
0
400
700
Toleranz für Montagemaße ±5 mm
1 | Mechanische Baugruppe | 11
1 | Kabelkanal | 10
1 | Hutschiene | 9
1 | Reihenklemmleiste | 8
3 | Relais | 7
1 | Stellschalter | 6
2 | Taster | 5
1 | Montagewinkel | 4
1 | Kennzeichnungsschild | 3
4 | Distanzbolzen | 2
1 | Montageplatte | 1
Stück | Benennung | Normblatt | Werkstoff | Pos.-Nr. | Halbzeug (nach Materialbereitstellungsliste)
IHK Musterprüfung
Maßstab —
Fachkraft für Metalltechnik
Montagetechnik
Verordnung vom 2. April 2013
Montageplatte
Vorgabezeit: 7 h
Blatt: 1(5)
Lfd.-Nr.: 0000014074
Prüflingsnummer: XXX
© 2014, IHK Region Stuttgart, alle Rechte vorbehalten
M 0716 P1-ar-weiß-060814-re

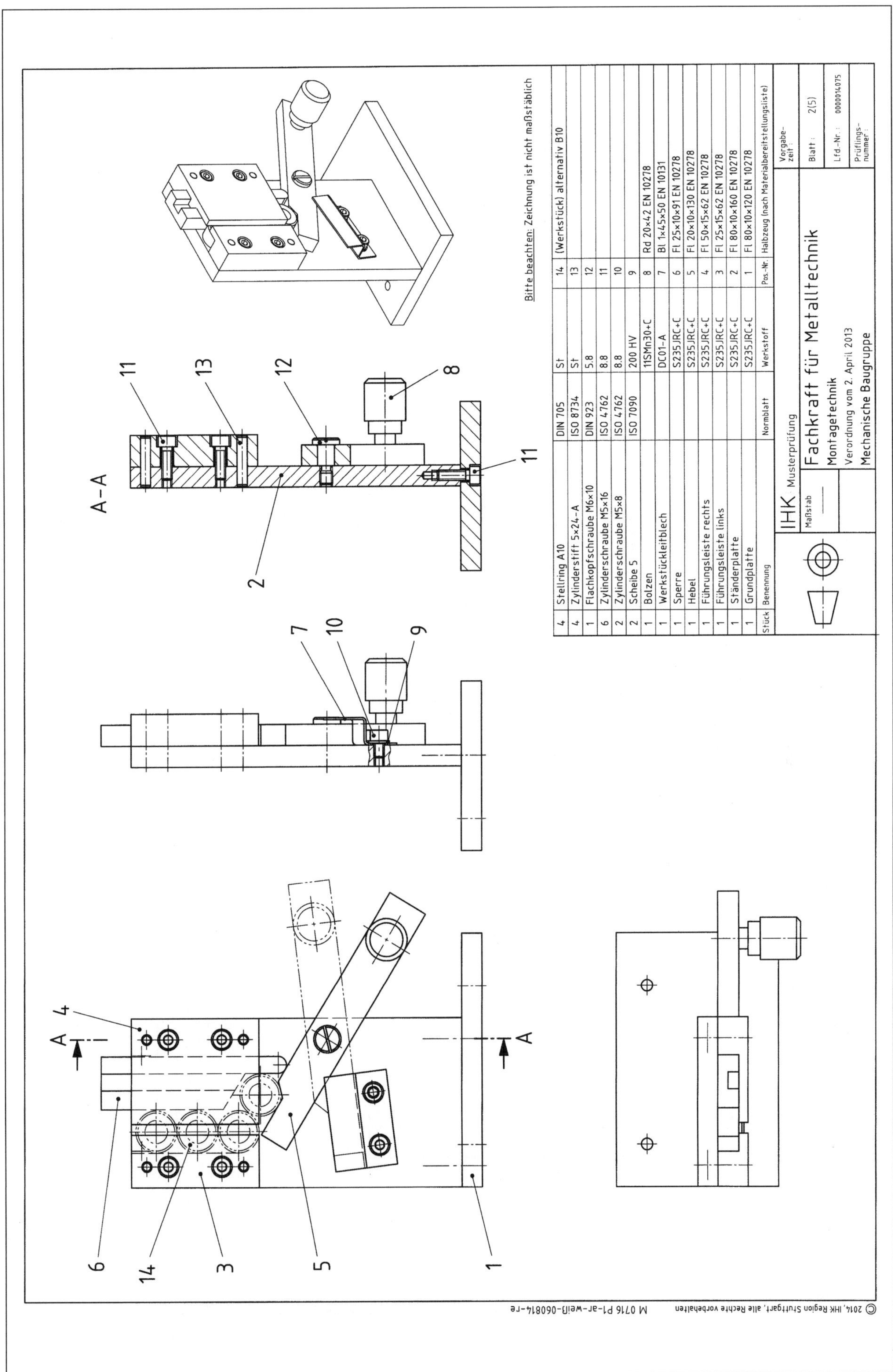
A-A
A
A
Bitte beachten: Zeichnung ist nicht maßstäblich
4 Stellring A10 DIN 705 St 14 (Werkstück) alternativ B10
4 Zylinderstift 5×24-A ISO 8734 St 13
1 Flachkopfschraube M6×10 DIN 923 5.8 12
6 Zylinderschraube M5×16 ISO 4762 8.8 11
2 Zylinderschraube M5×8 ISO 4762 8.8 10
2 Scheibe 5 ISO 7090 200 HV 9
1 Bolzen 11SMn30+C 8 Rd 20×42 EN 10278
1 Werkstückleitblech DC01-A 7 Bl 1×45×50 EN 10131
1 Sperre S235JRC+C 6 Fl 25×10×91 EN 10278
1 Hebel S235JRC+C 5 Fl 20×10×130 EN 10278
1 Führungsleiste rechts S235JRC+C 4 Fl 50×15×62 EN 10278
1 Führungsleiste links S235JRC+C 3 Fl 25×15×62 EN 10278
1 Ständerplatte S235JRC+C 2 Fl 80×10×160 EN 10278
1 Grundplatte S235JRC+C 1 Fl 80×10×120 EN 10278
Stück Benennung Normblatt Werkstoff Pos.-Nr. Halbzeug (nach Materialbereitstellungsliste)
IHK Musterprüfung
Maßstab —
Fachkraft für Metalltechnik
Montagetechnik
Verordnung vom 2. April 2013
Mechanische Baugruppe
Vorgabezeit:
Blatt: 2(5)
Lfd.-Nr.: 0000014075
Prüflingsnummer:
© 2014, IHK Region Stuttgart, alle Rechte vorbehalten
M 0716 P1-ar-weiß-060814-re

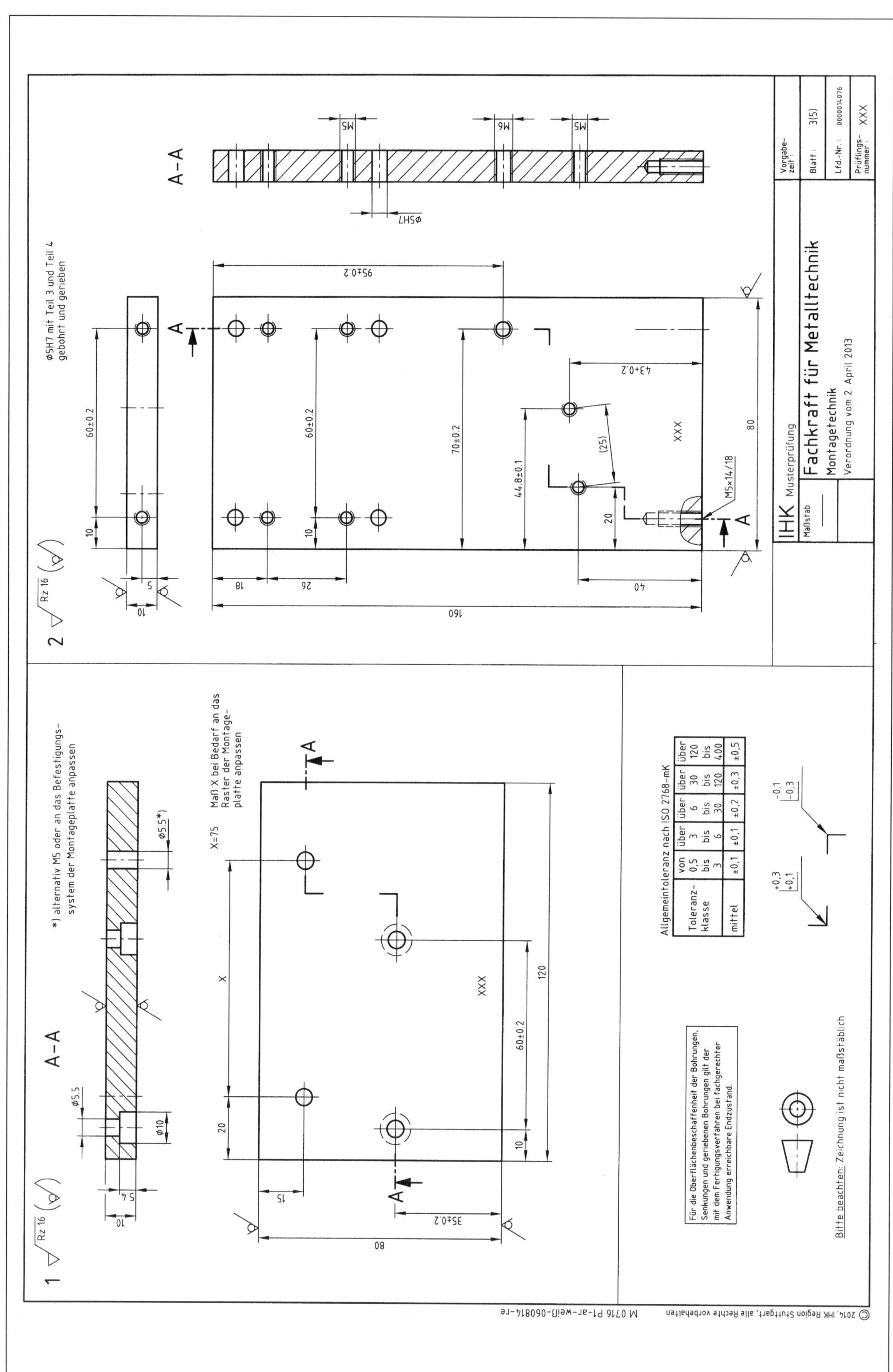

2
Rz 16
⌀5H7 mit Teil 3 und Teil 4 gebohrt und gerieben
A–A
M5
M6
M5
⌀5H7
95±0.2
60±0.2
60±0.2
70±0.2
43+0.2
44.8±0.1
(25)
XXX
80
M5x14/18
20
10
10
5
10
18
26
160
40
1
A–A
*) alternativ M5 oder an das Befestigungssystem der Montageplatte anpassen
X=75 Maß X bei Bedarf an das Raster der Montageplatte anpassen
⌀5,5
⌀5,5*)
⌀10
5,4
10
X
XXX
120
60±0.2
20
10
15
35±0.2
80
Allgemeintoleranz nach ISO 2768-mK
Toleranzklasse | von 0,5 bis 3 | über 3 bis 6 | über 6 bis 30 | über 30 bis 120 | über 120 bis 400
mittel | ±0,1 | ±0,1 | ±0,2 | ±0,3 | ±0,5
+0,3 +0,1
-0,1 -0,3
Für die Oberflächenbeschaffenheit der Bohrungen, Senkungen und geriebenen Bohrungen gilt der mit dem Fertigungsverfahren bei fachgerechter Anwendung erreichbare Endzustand.
Bitte beachten: Zeichnung ist nicht maßstäblich
IHK Musterprüfung
Maßstab
Fachkraft für Metalltechnik
Montagetechnik
Verordnung vom 2. April 2013
Vorgabezeit:
Blatt: 3(5)
Lfd.-Nr.: 0000014076
Prüflingsnummer: XXX
© 2014, IHK Region Stuttgart, alle Rechte vorbehalten
M 0716 P1-ar-weiß-060814-re

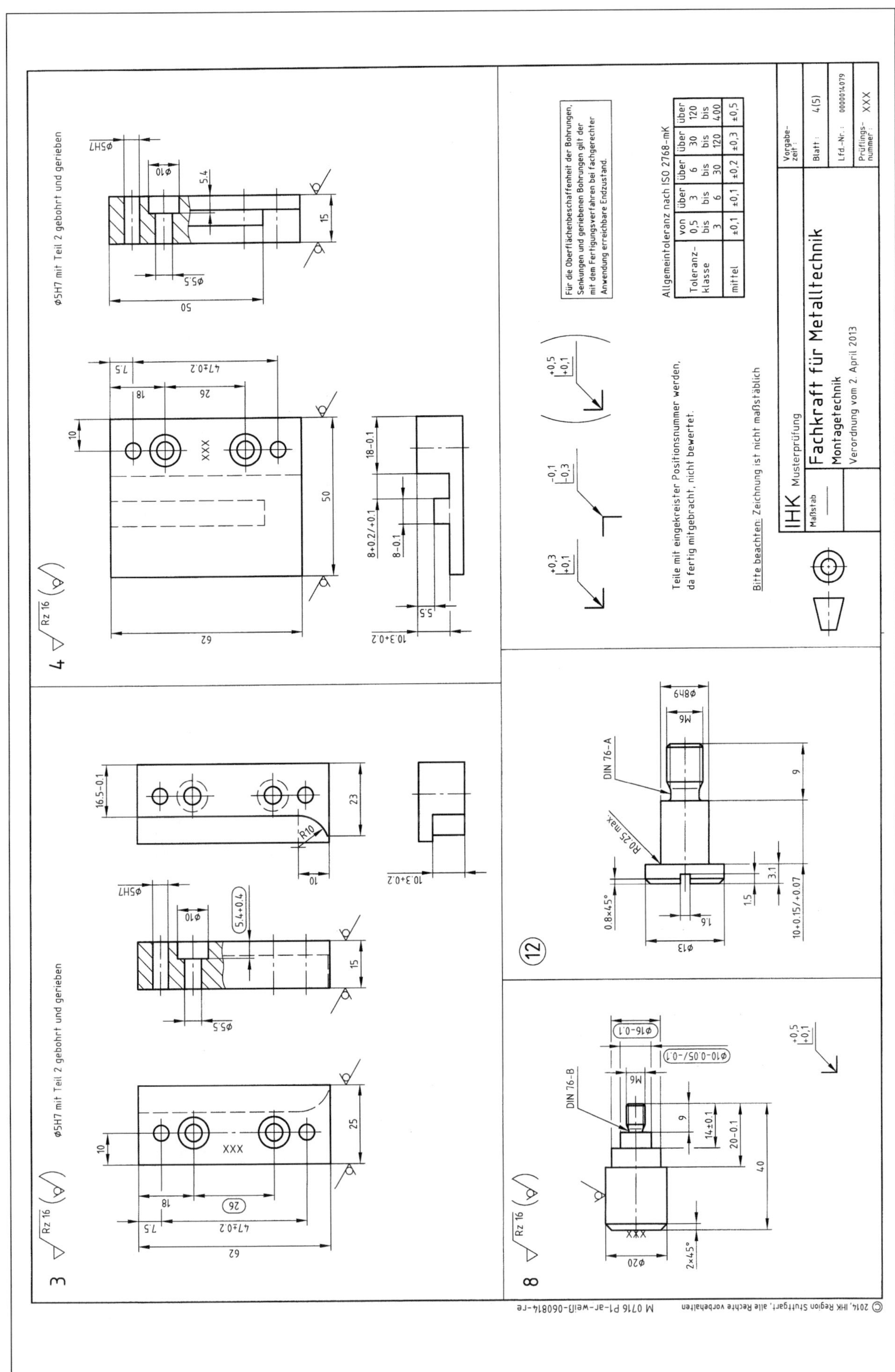

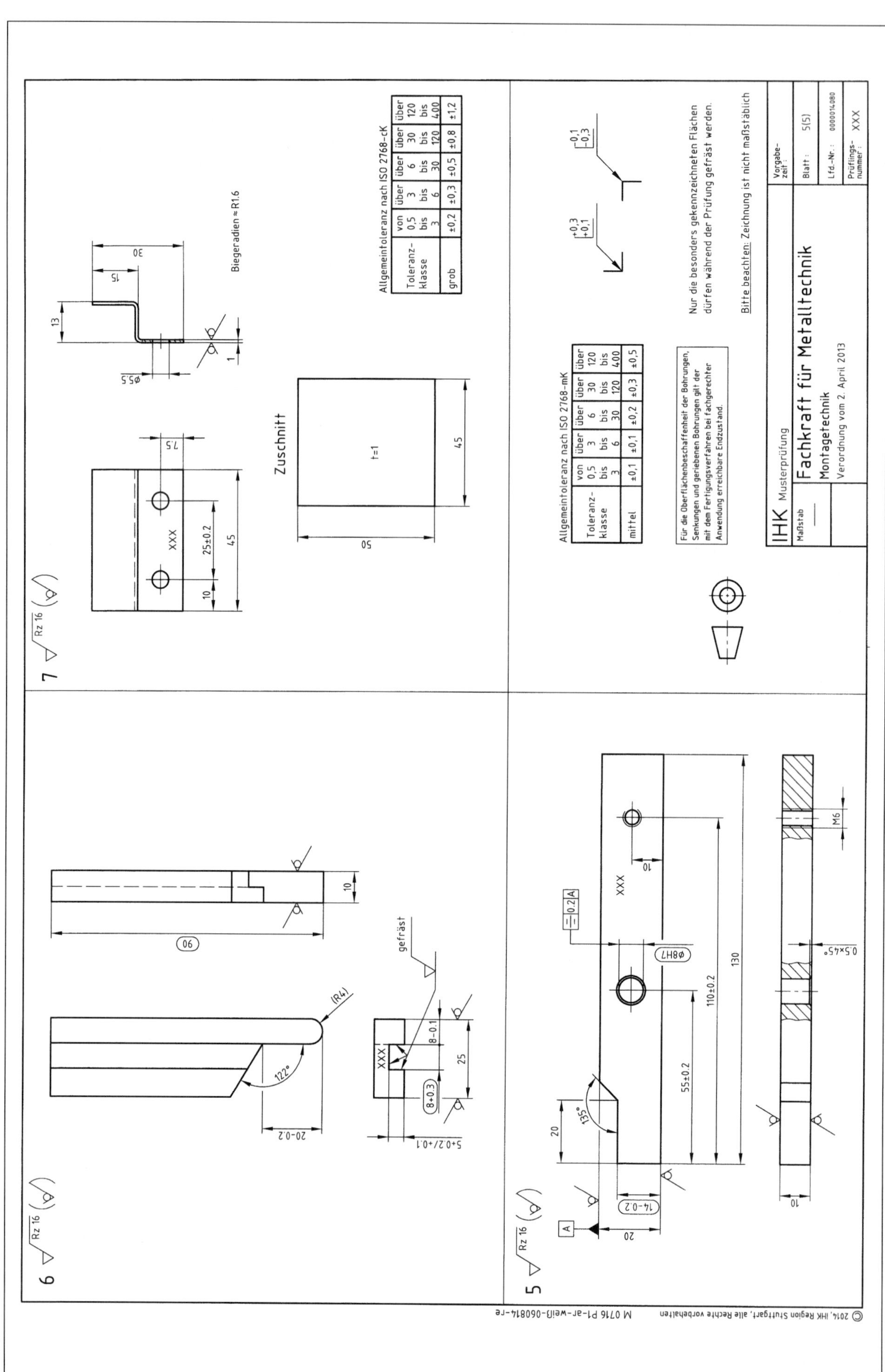
7
Rz 16
XXX
25±0.2
45
10
7.5
Ø5.5
30
15
13
1
Biegeradien ≈ R1.6
Zuschnitt
t=1
50
45
Allgemeintoleranz nach ISO 2768-cK
Toleranz-klasse | von 0,5 bis 3 | über 3 bis 6 | über 6 bis 30 | über 30 bis 120 | über 120 bis 400
grob | ±0,2 | ±0,3 | ±0,5 | ±0,8 | ±1,2
6
Rz 16
90
10
(R4)
122°
20-0.2
gefräst
XXX
8-0.1
8+0.3
25
5+0.2/+0.1
5
Rz 16
A
20
14-0.2
135°
55±0.2
110±0.2
130
Ø8H7
0.2 A
XXX
10
M6
0.5×45°
Allgemeintoleranz nach ISO 2768-mK
Toleranz-klasse | von 0,5 bis 3 | über 3 bis 6 | über 6 bis 30 | über 30 bis 120 | über 120 bis 400
mittel | ±0,1 | ±0,1 | ±0,2 | ±0,3 | ±0,5
Für die Oberflächenbeschaffenheit der Bohrungen, Senkungen und geriebenen Bohrungen gilt der mit dem Fertigungsverfahren bei fachgerechter Anwendung erreichbare Endzustand.
+0.3 +0.1
-0.1 -0.3
Nur die besonders gekennzeichneten Flächen dürfen während der Prüfung gefräst werden.
Bitte beachten: Zeichnung ist nicht maßstäblich
IHK Musterprüfung
Maßstab
Fachkraft für Metalltechnik
Montagetechnik
Verordnung vom 2. April 2013
Vorgabezeit:
Blatt: 5(5)
Lfd.-Nr.: 0000014080
Prüflingsnummer: XXX
© 2014, IHK Region Stuttgart, alle Rechte vorbehalten
M 0716 P1-ar-wei(I)-060814-re

3.6 Arbeitsblatt „Fertigungsverfahren auswählen“

Der Prüfling hat die Aufgabe, sich anhand des Arbeitsblatts „Fertigungsverfahren auswählen“ (Blatt 1 von 4) in die Zeichnungen und Stückliste der mechanischen Baugruppe einzuarbeiten und sich über die geforderten manuellen und maschinellen Fertigungsverfahren einen Überblick zu verschaffen. Anhand der aufgeführten Verfahren, Merkmale und Maße werden von ihm Einzelteile unter Angabe der Positionsnummer und der Benennung dem jeweiligen Fertigungsverfahren zugeordnet.

Vom Prüfling muss je laufende Nummer nur ein passendes Einzelteil mit Positionsnummer und Benennung angegeben werden. Im Zeichnungssatz können zufällig auch mehrere Einzelteile mit den gleichen Merkmalen und Maßen vorhanden sein. In diesem Fall genügt die Auswahl und Angabe eines dieser Einzelteile.

Bei der Bearbeitung des Arbeitsblatts empfiehlt es sich die Blattreihenfolge der Zeichnungen zu beachten.

Die Bearbeitung des Arbeitsblatts soll zu Beginn der Prüfungszeit erfolgen. Danach soll der Prüfling das Arbeitsblatt der Prüfungsaufsicht übergeben.

Der Prüfling erhält jeweils 10 Punkte, wenn seine Angaben zur Positionsnummer und Benennung vollständig und richtig den Angaben der jeweiligen laufenden Nummer zugeordnet wurden.

Das Arbeitsblatt „Fertigungsverfahren auswählen“ (Blatt 1 von 4) geht mit 10 % in die Bewertung des Montageauftrags ein.

IHK Musterprüfung	Vor- und Familienname:	Blatt 1 von 4
	Prüflingsnummer:	
Fertigungsverfahren auswählen	**Fachkraft für Metalltechnik** Montagetechnik	

Arbeitsanweisung: Ordnen Sie den Fertigungsverfahren jeweils **ein** Bauteil zu, bei welchem Sie das Fertigungsverfahren zur Herstellung der Bauteile anwenden müssen. Entnehmen Sie die benötigten Informationen den Zeichnungen.

Auswahlprotokoll

Punkteschlüssel: *10 oder 0 Punkte

				Prüfling		Notizen des Prüfungsausschusses zur Bewertung 10 oder 0 Punkte
Lfd. Nr.	Fertigungsverfahren	Merkmal	Maß	Pos.-Nr.	Benennung (siehe Stückliste)	
1	Feilen	Maß	14–0,2			
2	Feilen	Radius	R4			
3	Bohren	Gewindeabstand	40			
4	Bohren	Bohrungsabstand	47±0,2			
5	Bohren	Bohrungsabstand	26			
6	Senken	Bohrungsabstand	60±0,2			
7	Reiben	Durchmesser	∅ 8H7			
8	Fräsen	Nutbreite	8+0,3			
9	Drehen	Durchmesser	∅ 16–0,1			
10	Umformen	Maß	13			

Wird von den Mitgliedern des Prüfungsausschusses ausgefüllt.

Zwischenergebnis: (max. 100 Punkte) Feld A1

* Der Prüfling erhält jeweils 10 Punkte, wenn seine Angaben zur Pos.-Nr. und Benennung vollständig und richtig den Angaben der jeweiligen lfd. Nr. zugeordnet wurden.

Übertragen Sie das Ergebnis von Feld A1 in den Gesamtbewertungsbogen Blatt 4 von 4.

 M 0716 P2 -ar-weiß-030714 -1-(1)

3.7 Kontrolle Prüfungsstück

Der Prüfling hat auf dem Arbeitsblatt „Kontrolle“ (Blatt 2 von 4) zu beurteilen und zu dokumentieren, ob die von ihm gefertigten Einzelteile maß- bzw. lehrenhaltig sind. Er hat bei den vorgegebenen Merkmalen das Istmaß zu ermitteln und zu dokumentieren sowie im Abschnitt „Merkmal erfüllt“ durch Ankreuzen zu beurteilen.

Die Bearbeitung des Arbeitsblatts kann gleichzeitig mit der Herstellung und Montage der mechanischen Baugruppe erfolgen. Die vom Prüfling festgestellten Fehler darf dieser innerhalb der Prüfungszeit korrigieren.

Der Prüfling erhält nur dann 10 Punkte, wenn

1. das Merkmal vorhanden ist bzw. gefertigt wurde,
2. seine Istmaßangabe und seine Beurteilung – Merkmal erfüllt – miteinander übereinstimmen und
3. die Beurteilung des Prüflings mit der Beurteilung des Prüfers übereinstimmt.

Ausnahme:
Bei Merkmalen ohne Istmaßfeld werden nur die Punkte 1. und 3. berücksichtigt.

Das Arbeitsblatt „Kontrolle“ (Blatt 2 von 4) geht mit 10 % in die Bewertung des Montageauftrags ein.

IHK Musterprüfung	Vor- und Familienname:	Blatt 2 von 4
	Prüflingsnummer:	
Kontrolle	**Fachkraft für Metalltechnik** Montagetechnik	

Arbeitsanweisung: Überprüfen Sie die mechanische Baugruppe. Beurteilen Sie, ob die vorgegebenen Merkmale erfüllt wurden. Ergänzen Sie die Tabelle.

Prüfprotokoll

Punkteschlüssel: *10 oder 0 Punkte

Lfd. Nr.	Pos.-Nr.	Merkmale		Abmaße	Prüfling Istmaße	Prüfling Merkmal erfüllt ja	Prüfling Merkmal erfüllt nein	Mitglieder des Prüfungsausschusses Istmaße	Mitglieder des Prüfungsausschusses Merkmal erfüllt ja	Mitglieder des Prüfungsausschusses Merkmal erfüllt nein	Notizen des Prüfungsausschusses zur Bewertung 10 oder 0 Punkte
1	3	Bohrungsabstand	26	±0,2							
2	3	Senkungstiefe (bei Maßangabe)	5,4	+0,4							
3	5	Durchmesser	∅ 8H7	GLD							
4	5	Maß	14	−0,2							
5	6	Nutbreite	8	+0,3							
6	6	Längenmaß	90	±0,3							
7	8	Durchmesser	∅ 10	−0,05/−0,1							
8	8	Durchmesser	∅ 16	−0,1							
9	1–13	Funktionsprüfung von Hand, ohne Stellringe (Pos.-Nr. 14), alle Schrauben und Muttern festgedreht: Der Hebel (Pos.-Nr. 5) lässt sich zwischen den Endlagen leichtgängig auf- und abbewegen.									
10	1–14	Funktionsprüfung von Hand, alle Schrauben und Muttern festgedreht: Der Hebel (Pos.-Nr. 5) lässt sich zwischen den Endlagen auf- und abbewegen, dabei werden die Stellringe (Pos.-Nr. 14) nacheinander vereinzelt.									

Wird von den Mitgliedern des Prüfungsausschusses ausgefüllt.

Zwischenergebnis: (max. 100 Punkte)

Feld K1

* Der Prüfling erhält nur dann 10 Punkte, wenn
  1. das Merkmal vorhanden ist bzw. gefertigt wurde,
  2. seine Istmaßangabe und seine Beurteilung – Merkmal erfüllt – miteinander übereinstimmen und
  3. die Beurteilung des Prüflings mit der Beurteilung des Prüfers übereinstimmt.

Ausnahme: Bei Merkmalen ohne Istmaßfeld des Prüflings werden nur die Punkte 1. und 3. berücksichtigt.

Übertragen Sie das Ergebnis von Feld K1 in den Gesamtbewertungsbogen Blatt 4 von 4.

 M 0716 P3 -ar-weiß-030714 -1-(1)

3.8 Bewertungsbogen „Prüfungsstück“

Mit dem Bewertungsbogen „Prüfungsstück“ (Blatt 3 von 4) wird eine Funktions-, Sicht- und Maßkontrolle durch die Mitglieder des örtlichen Prüfungsausschusses durchgeführt. Die Zwischenergebnisse sind in den Gesamtbewertungsbogen (Blatt 4 von 4) zu übertragen.

Die Bewertung des Prüfungsstücks (Blatt 3 von 4) geht mit 80 % in die Bewertung des Montageauftrags ein.

IHK Musterprüfung	Vor- und Familienname:	Blatt 3 von 4
	Prüflingsnummer:	
Bewertungsbogen Prüfungsstück	**Fachkraft für Metalltechnik** Montagetechnik	

Notizen des Prüfungsausschusses zur Bewertung

Lfd. Nr.	Pos.-Nr.	**Funktionskontrolle mechanische Baugruppe** Bewertung 10 oder 0 Punkte	
		Vor der Demontage der mechanischen Baugruppe sind grundsätzlich das Arbeitsblatt Kontrolle (Blatt 2 von 4), die Sichtkontrolle und die Maßkontrolle der Montageplatte (siehe Rückseite) zur vollständigen Bewertung zu beachten.	
1	1–14	Funktionsprüfung von Hand, alle Schrauben und Muttern festgedreht: Der Hebel (Pos.-Nr. 5) lässt sich zwischen den Endlagen auf- und abbewegen, dabei werden die Stellringe (Pos.-Nr. 14) nacheinander vereinzelt.	
2	1–13	Funktionsprüfung von Hand, ohne Stellringe (Pos.-Nr. 14), alle Schrauben und Muttern festgedreht: Der Hebel (Pos.-Nr. 5) lässt sich zwischen den Endlagen leichtgängig auf- und abbewegen.	
		Zwischenergebnis:	
			Feld P1

Lfd. Nr.	Pos.-Nr.	**Sichtkontrolle** Bewertung 10 bis 0 Punkte	
		Sichtkontrolle Montageplatte	
1	4–11	Bauteile und mechanische Baugruppe vollständig auf Montageplatte montiert	
2	5–6	Bauteile -S1, -S2 und -S3 richtig angeordnet	
		Sichtkontrolle mechanische Baugruppe	
3	2, 3, 4	Bündigkeit (Pos.-Nr. 3 zu 2 und 4 zu 2)	
4	1–8	Einzelteile nach Zeichnung montiert	
5	9–13	Normteile nach Zeichnung montiert	
		Mechanische Baugruppe demontieren, Arbeitsblatt Kontrolle (Blatt 2 von 4), Funktionskontrolle und Maßkontrolle der Montageplatte (siehe Rückseite) beachten	
6	5, 6	Rechtwinkligkeit und Ebenheit der gefeilten Flächen	
7	5, 6	Oberflächenzustand der gefeilten Flächen	
8	6	Radius fachgerecht hergestellt	
9	6	Oberflächenzustand der gefrästen Flächen	
10	8	Oberflächenzustand der gedrehten Flächen	
11	7	Fachgerechte Ausführung Biegearbeit	
12	1–8	Fachgerecht entgratet und gekennzeichnet	
		Zwischenergebnis:	
			Feld P2

 M 0716 W1 -ar-rot-120314 -1-(2)

Notizen des Prüfungsausschusses zur Bewertung

Lfd. Nr.	Pos.-Nr.	Maßkontrolle		Bewertung 10 oder 0 Punkte		
				Abmaße	Istmaß	
		Maßkontrolle Montageplatte				
1	11	Position mech. Baugruppe	80	±5		
2	11	Position mech. Baugruppe	220	±5		
3	4	Position Montagewinkel	400	±5		
4	4	Position Montagewinkel	80	±5		
5	9	Position Hutschiene	400	±5		
6	9	Position Hutschiene	410	±5		
		Arbeitsblatt Kontrolle (Blatt 2 von 4), Funktionskontrolle und Sichtkontrolle vor der Demontage der mechanischen Baugruppe beachten				
		Maßkontrolle mechanische Baugruppe				
7	1	Bohrungsabstand	60	±0,2		
8	1	Bohrungsabstand bei Maßangabe	35	±0,2		
9	3	Bohrungsabstand	26	±0,2		
10	4	Bohrungsabstand (∅ 5H7) bei Maßangabe	10	±0,2		
11	5	Symmetrie (∅ 8H7)		0,2		
12	5	Absatzmaß	14	-0,2		
13	6	Nutbreite	8	+0,3		
14	6	Nuttiefe	5	+0,2/+0,1		
15	7	Biegemaß	13	±0,5		
16	8	Durchmesser	∅ 16	-0,1		

Zwischenergebnis:

Feld P3

Übertragen Sie die Ergebnisse der Felder P1, P2 und P3 in den Gesamtbewertungsbogen Blatt 4 von 4.

3.9 Gesamtbewertungsbogen

Auf dem „Gesamtbewertungsbogen" (Blatt 4 von 4) sind die Zwischenergebnisse der Arbeitsblätter „Fertigungsverfahren auswählen" (Blatt 1 von 4) und „Kontrolle" (Blatt 2 von 4) sowie die des Bewertungsbogens „Prüfungsstück" (Blatt 3 von 4) einzutragen.

Das Ergebnis des Prüfungsbereichs „Montageauftrag" wird über Divisoren und Gewichtungsfaktoren auf dem Gesamtbewertungsbogen (Blatt 4 von 4) berechnet.

IHK Musterprüfung	Vor- und Familienname:	Blatt 4 von 4
	Prüflingsnummer:	
Gesamtbewertungsbogen Montageauftrag	**Fachkraft für Metalltechnik** Montagetechnik	

Lfd. Nr.	**Fertigungsverfahren auswählen**		Übertrag			Zwischenergebnis
1	Auswahlprotokoll	Blatt 1 von 4	A1			
					(max. 100 Punkte)	Feld 1

Lfd. Nr.	**Kontrolle**		Übertrag			Zwischenergebnis
1	Prüfprotokoll	Blatt 2 von 4	K1			
					(max. 100 Punkte)	Feld 2

Lfd. Nr.	**Prüfungsstück**		Übertrag	Divisor	Umrechnung auf 100-Punkte-Schlüssel	Gewichtungsfaktor	Zwischenergebnis
1	Funktionskontrolle	Blatt 3 von 4	P1	0,2	,	0,2	,
2	Sichtkontrolle	Blatt 3 von 4	P2	1,2	,	0,2	,
3	Maßkontrolle	Blatt 3 von 4	P3	1,6	,	0,6	,
							,

Die Zwischenergebnisse müssen auf zwei Nachkommastellen kaufmännisch gerundet eingetragen werden.

Ergebnis auf eine ganze Zahl kaufmännisch gerundet (max. 100 Punkte) Feld 3

Berechnung des Ergebnisses:

Lfd. Nr.			Gewichtungsfaktor	Zwischenergebnis
1	Fertigungsverfahren auswählen	Feld 1	0,10	,
2	Kontrolle	Feld 2	0,10	,
3	Prüfungsstück	Feld 3	0,80	,
				,

Hinweis:
Die Berechnung der Binnengewichtung erfolgt ausschließlich auf der Niederschrift. Somit werden Rundungsdifferenzen ausgeschlossen.

Die Ergebnisse müssen unbedingt auf ganze Zahlen kaufmännisch gerundet in die unten stehenden Felder übertragen werden.

Ergebnis (max. 100 Punkte)

Dieses Ergebnis ist in die Niederschrift (Feld „Montageauftrag") zu übertragen.

Datum

Prüfungsausschuss

KA	PR-TER	IHK	BNR	Feld 1	Feld 2	Feld 3
9 9 8	M 1 4		0 7 1 6			
1–3	4–6	7–8	9–12	13–15	16–18	19–21
				max. 100	max. 100	max. 100

Die Ergebnisse bitte rechtsbündig und ohne Dezimalstelle eintragen!

 M 0716 W2 -ar-rot-141114 -1-(2)

Dieser Ablochbeleg muss spätestens am XX.XX.XXXX bei der Industrie- und Handelskammer Region Stuttgart, Prüfungsaufgaben- und Lehrmittelentwicklungsstelle (PAL), Jägerstraße 30, 70174 Stuttgart, eingegangen sein.

-2-(2)

M 0716 W2 -ar-rot-301014

4 Kontinuierlicher Verbesserungsprozess

Die Erstellung von Prüfungsaufgaben unterliegt einem kontinuierlichen Verbesserungsprozess. Ziel ist es, die Qualität der Prüfungen aktuell und für die Zukunft sicherzustellen und Verbesserungen für zukünftige Prüfungen abzuleiten.
Daher wird nach jeder Prüfung anhand einer statistischen Auswertung untersucht, wie die einzelnen Prüfungsaufgaben gelöst wurden und wie sich die Prüfungsergebnisse auf die verschiedenen Notenstufen verteilen.

4.1 Stellungnahme des Prüfungsausschusses

Der Prüfungsausschuss hat über ein **„Onlineformular“** die Möglichkeit, eine Stellungnahme zur gelaufenen Prüfung abzugeben (die Zugangsdaten sind über die örtlich zuständige Industrie- und Handelskammer/Handwerkskammer erhältlich).
Die Rückmeldungen der Prüfungsausschüsse zu den schriftlichen Aufgabenstellungen und zum Prüfungsstück werden zentral erfasst und an die PAL gesendet. Dort werden die Hinweise gebündelt und den erstellenden Gremien zur Beratung vorgelegt. Eine Stellungnahme des Erstellerausschusses zu den einzelnen Rückmeldungen wird den Industrie- und Handelskammern/Handwerkskammern über einen „geschützten Bereich“ online zur Verfügung gestellt. Diese verteilen sie an die örtlichen Prüfungsausschüsse. Somit sind auch die Prüfungsausschüsse Teil des Qualitätszirkels und tragen durch ihre Erfahrungen zu einer ständigen Prozessoptimierung bzw. zur Qualitätssicherung bei.

Da zu dem Zeitpunkt des Eingangs der Stellungnahmen die nächsten Prüfungen bereits fertig erstellt sind, können eventuelle Änderungswünsche der örtlichen Prüfungsausschüsse frühestens ein Jahr nach der „Abgabe“ der Stellungnahmen in die neu zu erstellenden Prüfungen eingehen. Eine sofortige Anpassung/Umsetzung ist aufgrund des Vorlaufs bei der Erstellung der Prüfungsaufgaben nicht möglich.